计算机类本科教材

Java
程序设计项目化教程

/ 林胜青 / 主编

/ 张 璜 孙桂煌 李 婷 林晓农 高 峰 林 涛 / 副主编

/ 姜忠海 甘秋云 / 参编

电子工业出版社
Publishing House of Electronics Industry
北京·BEIJING

内 容 简 介

本书采用项目的方式介绍Java的理论知识与使用技巧，包括10个项目，内容涵盖Java编程基础、Java面向对象程序设计、类的深入解析、数组和字符串、异常处理、输入/输出、图形用户界面、多线程、网络编程等。

本书可作为高等学校和职业院校理工类专业学习Java程序设计的教材，也可供对Java编程感兴趣的人员参考。

图书在版编目（CIP）数据

Java 程序设计项目化教程 / 林胜青主编. -- 北京 ：
电子工业出版社, 2025. 3. -- ISBN 978-7-121-49933-3

Ⅰ. TP312.8

中国国家版本馆 CIP 数据核字第 2025GN1677 号

责任编辑：张　鑫
印　　刷：北京雁林吉兆印刷有限公司
装　　订：北京雁林吉兆印刷有限公司
出版发行：电子工业出版社
　　　　　北京市海淀区万寿路 173 信箱　邮编：100036
开　　本：787×1 092　1/16　印张：12.5　字数：420 千字
版　　次：2025 年 3 月第 1 版
印　　次：2025 年 3 月第 1 次印刷
定　　价：59.00 元

凡所购买电子工业出版社图书有缺损问题，请向购买书店调换。若书店售缺，请与本社发行部联系，联系及邮购电话：(010) 88254888，88258888。

质量投诉请发邮件至 zlts@phei.com.cn，盗版侵权举报请发邮件至 dbqq@phei.com.cn。

本书咨询联系方式：zhangx@phei.com.cn。

前　言

PREFACE

　　Java 诞生于互联网蓬勃发展的时代，迅速成为 IT 行业的焦点。凭借其强大的功能和广泛的适用性，Java 在众多技术领域中脱颖而出，成为全球开发者社区中最受推崇的编程语言之一。随着 Java 技术的普及和深入应用，对 Java 人才的需求持续高涨。"Java 程序设计"已成为国内外高等学校和职业院校相关专业的必修课程，这不仅反映 Java 在软件开发领域的主导地位，也彰显了其在教育和职业培训中的重要性。

　　编者秉持工程教育理念，以卓越工程师计划和应用型本科教育要求为指导，将激发读者学习兴趣和培养实际开发能力作为首要目标。在内容选择上，本书注重实用性和时效性，剔除陈旧的技术和概念。对于核心知识点，编者精心挑选了典型实例程序，并配以详尽注释。本书内容以图文并茂的方式呈现，配以深入浅出的分析与解释，旨在帮助读者更快速、更深入地理解和应用理论知识，从而提高读者的学习效率与实践能力。本书融合了业界需求、教育理念和实践经验，为读者打开了通往 Java 世界的大门。根据读者的反馈、企业及培训机构的建议，本书编写内容包括 10 个项目。项目一为认识 Java，主要包括 Java 发展简史、Java 的特点、Java 开发环境的建立以及 Eclipse 的使用；项目二为 Java 编程基础，主要包括 Java 的标识符与分隔符、数据类型、常量和变量、运算符、流程控制语句；项目三为 Java 面向对象程序设计，主要包括面向对象程序设计的基本概念、类的使用方法、对象的创建与使用方法、包的创建与使用方法；项目四为类的深入解析，主要包括类的继承、类的多态、抽象类和接口；项目五为数组和字符串，主要包括数组和字符串的概念等；项目六为异常处理，主要包括异常和异常类、已检查和未检查的异常、异常处理的方法与技巧等；项目七为输入/输出，主要包括字符的输入/输出、文件与目录等；项目八为图形用户界面，主要包括 Swing 概述、Swing 容器、基本组件的使用、菜单、对话框，使用 Action 接口处理行为事件；项目九为多线程，主要包括 Java 中的线程，线程的生命周期、优先级和调度管理，创建线程的常用方法等；项目十为网络编程，主要包括 Java 的网络支持、基于 TCP 协议的网络编程及基于 UDP 协议的网络编程。

　　Java 技术博大精深，发展迅速，而编者时间与水平有限，所以本书难免存在疏漏与不足。敬请广大读者及各位专家学者对本书提出宝贵的意见。

编　者

目 录

CONTENTS

项目一

认识 Java

任务一　Java 的产生、发展与特点

一、Java 的产生与发展

Java 是一个由 Sun 公司开发的新一代编程语言。使用它可在各种机器和各种操作平台上开发软件。只要某个浏览器上注明了"支持 Java"，就可以在该浏览器上看到生动的主页。

Sun 公司的 Java 开发项目小组成立于 1991 年，是开拓消费类电子产品市场的。该项目小组开发了如交互式电视、烤面包箱等产品。Sun 公司内部人员把这个项目小组称为 Green，那时万维网（World Wide Web，WWW）还在设计中。该项目小组的领导人是 James Gosling，是一位非常杰出的程序员。他出生于 1957 年，于 1984 年加盟 Sun 公司，之前在 IBM 公司研究机构工作。他是 Sun News 窗口系统的总设计师，也是第一个用 C 实现 EMACS 文本编辑器 COSMACS 的开发者。

在研究开发过程中，James Gosling 深刻体会到开发消费类电子产品的特点：消费类电子产品要求可靠性高、费用低、标准化、使用简单；用户并不关心 CPU 的型号，也不欣赏专用昂贵的 RISC 处理器；需要建立在一个标准基础之上的具有一系列可选的方案。

1. 从 C 开始

为了使所开发的系统与操作平台无关，James Gosling 首先从改写 C 编译器着手。但是，他在这个改写过程中感到 C 是无法满足要求的，于是在 1991 年 6 月开始准备开发一个新的语言。那么，给它起一个什么名字呢？James Gosling 回首向窗外望去，看见一棵老橡树，于是建了一个目录叫 Oak，这就是 Java 的前身（后来发现 Oak 已是 Sun 公司另一个语言的注册商标，才改名为 Java，即太平洋上一个盛产咖啡的岛屿名字）。

James Gosling 在开始开发 Java 时，并不局限于扩充语言机制本身，更注重于语言所运行的软硬件环境。他要建立一个系统，而这个系统运行于一个巨大的、分布的、异构的网格环境中，并能完成各电子设备之间的通信与协同工作。James Gosling 在设计中采用了虚拟机器码（Virtual Machine Code）方式，即 Java 编译后产生的是虚拟机，而虚拟机运行在一个解释器上（每个操作系统均有一个解释器）。这样一来，Java 就可以成为与操作平台无关的语言，也和 James Gosling 设计的 Sun News 窗口系统类似。在 Sun News 窗口系统中，用户界面统一用 Postscript 描述，不同的显示器有不同的 Postscript 解释器，这样便保证了用户界面具有良好的可移植性。

Patrick Naughton 也是 Sun 公司的技术骨干，曾经是 Open Windows 项目的负责人。当 Patrick Naughton 加入 Java 开发项目小组后，该项目工作进展神速。Java 开发项目是由一个操作系统、一种语言（Java）、一个用户界面、一个新的硬件平台、三块专用芯片构成的。Java 开发项目完成后，在 Sun 公司内部做了一次展示和鉴定，参观者的反应是 Java 开发项目在各方面都采用了崭新的、非常大胆的技术。许多参观者对 Java 留下了非常深刻的印象，特别得到 Sun 公司的两位领导人 Scott McNealy 和 Bill Joy 的关注，但 Java 的前途未卜。

2．Java 的转折点

到了 1994 年，万维网已如火如荼地发展起来。James Gosling 意识到万维网需要一个不依赖于任何硬件平台和软件平台的中性浏览器。这个中性浏览器应是一种实时性较高、可靠安全、有交互功能的浏览器。于是，James Gosling 决定用 Java 开发一个 Web 浏览器。

这项工作由 Naughton 和 Jonathan Payne 负责。到 1994 年秋天，他们完成了 Web Runner 的开发工作。后来，Web Runner 改名为 Hotjava，于 1995 年 5 月 23 日发布，Hotjava 经过一年的试用和改进，终于推出 Java1.0 版，并于 1996 年年初正式发布。

3．Sun 公司被 Oracle 公司收购

在 2009 年 4 月 20 日，Oracle 公司宣布收购 Sun 公司。之后，Java 之父 James Gosling 表示 Java 在 Oracle 公司掌管下是令人放心的，并透露了 Java 的发展方向。

James Gosling 表示尽管目前大家大多看到的是 Oracle 公司在企业端 Java 的努力，但 Oracle 公司同样致力于桌面端、嵌入式、移动领域、高性能计算机及其他系统方面 Java 的发展，而且会通过网络将这些应用和功能链接。

对于企业端 Java，James Gosling 表示 Java EE6（Java Platform，Enterprise Edition 6）将是下一代企业软件的基础。Java 社区及许多开发者在 2009 年 11 月促使了 Java EE6 规格的认可，并发布和升级了一些 Java 应用程序接口。

另外，James Gosling 表示 Oracle 公司正在使开源集成开发环境运用到企业端、移动领域和桌面端 Java 开发。

4．Java 的应用前景

工业界不少人预言"Java 的出现，将会引起一场软件革命"。传统的软件往往与具体的实现环境有关，换了一个实现环境就需要做一番改动，耗时、费力，而 Java 能兼容不同的实现环境，这样以前所开发的软件就能运行在不同的机器上，只要所用的机器能提供 Java 解释器即可。

Java 大体上有以下几个方面的应用。

（1）Java 可以用于对下载软件的需求分析。Java 可将用户的需求进行动态的可视化描述，以满足设计者更加直观的要求。用户的各种各样的需求都可以用 Java 描述清楚。

（2）Java 可以用于软件的开发。由于 Java 具有面向对象的特性，所以完全可以用 Java 的面向对象的技术与方法来开发软件，这是符合最新的软件开发规范要求的。

用 Java 开发的软件具有可视化、可听化、可操作化的效果，比电视、电影的效果更为理想。用 Java 开发的软件可以实现"即时、交互、动画与动作"，这是电影与电视在播放过程中难以做到的。

（3）Java 可以实现逼真的动画效果。Java 远比图形用户界面技术更能实现逼真的动画效果，尤其利用万维网提供的巨大动画资源空间后，可以共享全世界的动画资源。

（4）Java 可以用于交互操作的设计（如选择交互、定向交互、控制流程等）。

（5）Java 可以用于 Internet 系统管理功能模块的设计，包括网页的动态设计、管理和交互操作设计等。

（6）Java 可以用于 Intranet 软件（直接面向企业内部用户的软件）开发。

（7）Java 可以实现与各类数据库的连接查询。

二、Java 的特点

在 C、C++和 C#等编程语言的不断挑战下，Java 得到不断发展。C++、C#和 Java 等基本上都来源于 C，但又有很多区别。业内人士经常将 C 比作爷爷，C++比作儿子，C#和 Java 等比作孙子。对于变量声明、参数传递、操作符、流控制等，Java 和 C、C++、C#类似。C++主要对 C 进行了扩展并融入了面向对象的思想；C#和 Java 是纯粹面向对象的编程语言并吸收了 C、C++的很多优点，摒弃了 C、C++的很多缺点；C#依赖于 Windows 平台，而 Java 不依赖于任何平台。因此，熟悉 C、C++、C#的程序员能够很方便地使用 Java 编程。各种编程语言的使用情况如表 1.1 所示。

表 1.1　各种编程语言的使用情况

2021 年使用排名	2022 年使用排名	使用排名变化	编 程 语 言	2021 年使用率	2022 年使用率变化	等　　级
1	1	⇌	Java	19.401%	−2.08%	A
2	2	⇌	Python	15.837%	+0.98%	A
3	5	⇓	C	9.633%	+0.36%	A
4	3	⇑	C++	8.843%	−2.76%	A
5	4	⇑	PHP	8.779%	−1.11%	A
6	8	⇓	c#	5.062%	+0.55%	A
7	7	⇌	Visual Basic	4.567%	−0.20%	A
8	6	⇑	Perl	4.117%	−2.09%	A
9	9	⇌	Delphi	3.624%	+0.83%	A
10	10	⇌	JavaScript	3.540%	+1.21%	A
11	11	⇌	Ruby	3.278%	+1.42%	A
12	12	⇌	D	1.259%	+0.07%	A
13	13	⇌	PL/SOL	0.988%	+0.01%	A
14	22	⇓	SAS	0.835%	−0.11%	A
15	14	⇑	Logo	0.813%	+0.50%	A−
16	15	⇑	Pascal	0.689%	+0.24%	A
17	29	⇓	ABAP	0.574%	+0.42%	B
18	21	⇓	Action Script	0.539%	+0.22%	B
19	26	⇓	RPG (AS/400)	0.505%	+0.33%	B
20	18	⇑	Lua	0.487%	+0.10%	B

Java 主要有以下特点。

1．简单性

简单性是指 Java 既易学又好用，主要体现在以下几方面。

（1）Java 的风格类似于 C++，因而 C++程序员对 Java 是非常熟悉的。从某种意义上讲，Java 是 C 及 C++的一个变种，因此 C++程序员可以很快就掌握 Java 编程技术。

（2）Java 摒弃了 C++容易引发程序错误的地方。

（3）Java 提供了丰富的类库。学习过 C++，就会感觉 Java 很眼熟，因为 Java 的许多基本语句和 C++一样，如常用的循环语句、控制语句等。不要误认为 Java 是 C++的增强版，Java 和 C++是两种完全不同的编程语言，各有各的优势，且会长期并存下去。Java 和 C++已成为软件开发者应当掌握的编程语言。从编程的角度来看，Java 要比 C++简单。C++的许多容易混淆的概念或者被 Java 弃之不用了，或者以一种更清楚、更容易理解的方式出现在 Java 中，如 Java 没有指针的概念。

2．面向对象

面向对象其实是现实世界模型的自然延伸。可以将现实世界中任何载体看成对象，且对象之间通过消息相互作用。传统的过程式编程语言是以过程为中心、以算法为驱动的，而面向对象的编程语言是以对象为中心、以消息为驱动的。过程式编程语言可以表示为"程序=算法+数据"；而面向对象编程语言可以表示为"程序=对象+消息"。Java 支持面向对象编程语言的 3 个概念：封装、多态性和继承。在 Java 中，绝大部分成员是对象，只有简单的数字类型、字符类型和布尔类型除外。对于这些对象，Java 提供了相应的对象类型，以便与其他对象交互操作。基于对象的编程语言更符合人的思维模式，使人们更容易编程。

3．平台无关性

平台无关性是 Java 最大的优势。Java 应用程序在编译器中进行编译后，形成二进制代码，即字节码。这些字节码不能直接由操作系统识别执行，而只能由一个叫 Java 虚拟机的字节码解释器来识别。在 Java 应用程序执行时，由 Java 虚拟机对这些字节码进行逐步解释，并转换成当前操作系统的命令后再执行。由于 Java 应用程序的执行只与 Java 虚拟机直接相关，所以任何一台机器只要配备了 Java 虚拟机，就可以运行 Java 应用程序，而不管其字节码是在何种平台上生成的。因此，Java 应用程序不用被修改就可以在不同的软硬件平台上运行，从而体现了其平台无关性。用其他编程语言编写的程序面临的主要问题是操作系统的变化、处理器升级及核心系统资源的变化，都可能导致程序出现错误或无法运行。Java 中的虚拟机成功地解决了这个问题。用 Java 编写的程序可以在任何安装了 Java 虚拟机的计算机上被正确地运行，从而实现了"一次写成，处处运行"的目标。

4．解释型

C、C++等编程语言都只能对特定的 CPU 芯片进行编译，生成机器代码，而该代码的运行就和特定的 CPU 有关。例如，在 C 中，int 型变量的值是 10，如果"printf（"% d，% d"，x，x=x+1）"语句的计算顺序是从左到右的，那么结果是 10,11；如果该语句的计算顺序是从右到左的，那么结果就是 11,11。Java 不像 C++，不针对特定的 CPU 芯片进行编译，而是把程序编译为字节码的一个"中间代码"。字节码是很接近机器码的，可以在提供了 Java 虚拟机的任何系统上被解释执行。Java

被设计成为解释执行的程序，即翻译一条语句，就执行一条语句，不产生整个的代码程序；在程序翻译过程中，如果不出现错误，就将程序一直执行完毕，否则将在错误处停止执行程序。

5．多线程

Java 在两方面支持多线程。一方面，Java 环境本身就是多线程的，运行若干个系统线程来实施必要的无用单元回收、系统维护等系统级操作。另一方面，Java 内置多线程机制，可以大大简化多线程应用程序开发。Java 提供一个 Thread 类来负责启动、终止线程运行，并可检查线程状态。Java 的线程还包括一组同步原语。这些原语负责对线程实行并发控制。利用 Java 的多线程编程接口，开发人员可方便地写出支持多线程的应用程序，且该程序的执行效率也被提高了。目前，计算机处理器在同一时刻只能执行一个线程，但计算机处理器可以在不同的线程之间快速地切换。由于这个切换速度非常快，远远超过人接收信息的速度，所以给人的感觉好像多个任务在同时执行。在 C++11 之前，C++没有内置多线程机制，因此必须调用操作系统的多线程功能来进行多线程程序的设计。

6．可靠性

（1）Java 是强类型的编程语言，要求显式的方法声明，这保证了编译器可以发现方法调用错误，从而保证程序更加可靠。

（2）Java 不支持指针，这杜绝了内存的非法访问。

（3）Java 的自动内存回收防止了内存泄漏等动态内存分配导致的问题。

（4）Java 解释器运行时实施检查，可以发现数组和字符串访问的越界问题。

（5）Java 提供了异常处理机制，允许程序员通过 try…catch…finally 语句块来捕获和处理运行时的错误，从而简化错误处理任务，提高程序的可靠性。

7．安全性

Java 通过自己的安全机制防止了病毒程序的产生和下载程序时本地系统的威胁破坏。Java 字节码在进入解释器时，首先必须经过字节码检验器的检查，然后解释器将限定程序中类的内存布局，随后类装载器负责把来自网络的类装载到单独的内存区域，避免 Java 应用程序相互干扰破坏。Java 不断更新安全策略，摒弃不安全的技术。例如，在过去，Java 通过沙箱机制限制 Applet 的权限以增强安全性，然而由于安全漏洞和技术的发展，Applet 已不再被推荐使用。目前，Java 更常用于开发后端服务器、桌面和移动应用程序（如 Android）。Java 的安全机制如类加载器和字节码校验器，仍然发挥作用，以确保 Java 应用程序的安全。

8．动态性

Java 程序的基本组成单元是类。有些类是自己编写的，有些类是从类库中引入的，而类是被动态加载的，从而使得 Java 可以在分布式环境中动态地维护程序及类库。

9．兼容性

Java 支持一定程度的二进制兼容性，允许在类库更新后，程序无须重新编译即可运行，其前提是类库的接口未发生破坏性变化。

10．多态性

Java 通过接口实现多态性，从而获得类似于多重继承的效果。这比单一的类继承更灵活，增强了程序的扩展性。自 Java 8 起，Java 接口还可以包含默认方法，使得 Java 接口的功能更加强大。

Java 的这些特点，使得 Java 开发的网络应用系统可以在各种平台上运行。Java 程序的应用范围，已经从最初的浏览器扩展到金融、商贸、电子、制造业、娱乐等多个领域。Java 程序被应用小到个人的桌面，大到跨国企业的经营管理，既有在前台客户机上运行的，也有在后台服务器上运行的。Java 已经成为计算机应用程序开发的主要工具之一。

任务二　Java 的开发工具与开发环境

在编写 Java 程序之前，首先要选择合适的开发工具，并配置好 Java 的运行环境。本节将介绍一种重要的 Java 开发环境——Java 开发包（Java Development Kit，JDK）。

一、Java 运行环境与 Java 开发包

1. Java 虚拟机

Java 虚拟机（Java Virtual Machine，JVM）是一种抽象化的计算机，即在实际的计算机上仿真模拟各种计算机功能。Java 虚拟机有自己完善的硬件架构，如处理器、堆栈、寄存器等，还具有相应的指令系统。Java 虚拟机屏蔽了与具体操作系统平台相关的信息，使得 Java 程序只需生成在 Java 虚拟机上运行的目标代码（字节码），就可以在多种平台上不加修改地运行。

2. Java 虚拟机的体系结构

一个 Java 虚拟机实例的行为不光是它自己的事，还涉及它的子系统、存储区域、数据类型和指令这些部分，它们描述了 Java 虚拟机的一个抽象的内部体系结构，其目的不光规定 Java 虚拟机内部的体系结构，更重要的是提供了一种方式用于严格定义实现 Java 虚拟机时的外部行为。每个 Java 虚拟机都有两种机制，一种是装载具有合适名称的类（或接口）的类装载子系统；另一种负责执行包含在已装载的类或接口中的指令的执行引擎。每个 Java 虚拟机包括方法区、堆、栈、程序计数器和本地方法栈五部分。这五部分和类装载子系统、执行引擎一起组成 Java 虚拟机的体系结构，如图 1-1 所示。

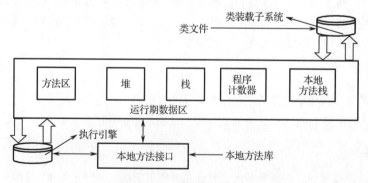

图 1-1　Java 虚拟机的体系结构

Java 虚拟机的每个实例都有自己的方法区和堆，并被运行于 Java 虚拟机内的所有线程共享。当 Java 虚拟机加载类文件时，它解析其中的二进制数据所包含的类信息，并把它们放到方法区中。当 Java 程序运行时，Java 虚拟机将 Java 程序中创建的所有对象分配在堆上。每个线程在创建时，

都会拥有自己的程序计数器和栈。程序计数器记录线程当前执行的字节码指令地址；栈存储该线程调用 Java 方法的状态，包括局部变量、操作数栈、方法返回地址等。本地方法调用的状态被存储在本地方法栈中。

执行引擎处于 Java 虚拟机的核心位置，在 Java 虚拟机规范中，其行为由字节码指令集决定。Java 虚拟机支持约 200 个字节码指令。每个字节码指令执行一种基本操作，如在操作数栈上进行运算、方法调用等。Java 的字节码指令集相当于 Java 程序的汇编语言。

Sun 公司设计了 Java 本地接口，以提供与其他编程语言交互的能力。当然，也可以设计其他本地接口来替代 Java 本地接口，但这些设计和实现较为复杂，需要确保垃圾回收器不会释放正在被本地方法引用的对象。

方法区与传统编程语言中的编译后代码或 Unix 进程中的正文段类似。它保存方法代码（编译后的 Java 代码）和符号表。每个类文件包含了一个 Java 类或一个 Java 界面编译后的代码。可以说类文件是 Java 的执行代码文件。为了保证类文件的平台无关性，Java 虚拟机规范中对类文件的格式做了详细的说明。

堆是程序运行时的一个数据区，且类的实例（对象）从中分配空间。它的管理是由垃圾回收器来负责的。Java 没有规定具体使用的垃圾回收算法，可以根据系统的需求使用各种各样的算法。

Java 虚拟机的每个线程都有自己的程序计数器和栈。当线程执行 Java 方法时，程序计数器记录正在执行的字节码指令地址。

栈由一系列栈帧组成，而每个栈帧包含局部变量表、栈帧信息、操作数栈等。

（1）局部变量表。每个 Java 方法使用一个固定大小的局部变量表。局部变量是通过索引来访问的，而索引是从 0 开始的。局部变量表由一系列局部变量槽（Slot）组成，每个槽大小为 32 位。int、float、reference 等类型变量占用一个槽，long 和 double 类型变量占用两个连续的槽。在访问 long 和 double 类型变量时，使用第一个槽的索引。

例如，如果一个具有索引 n 的局部变量是一个 double 类型，那么它实际占据了索引 n 和 $n+1$ 所代表的存储空间。Java 虚拟机提供了把局部变量中的值装载到操作数栈的指令，也提供了把操作数栈中的值写入局部变量的指令。

（2）栈帧信息。栈帧信息包括动态链接、方法返回地址和异常处理信息。其中，动态链接用于支持 Java 方法调用过程中的符号引用解析；方法返回地址用于 Java 方法正常退出后的返回；异常处理信息用于在 Java 方法执行过程中处理出现的异常。

（3）操作数栈。操作数栈用于字节码指令的操作数存取。指令从操作数栈中取出操作数，执行运算后将结果压回操作数栈。有了操作数栈，就可以在只有少量寄存器或非通用寄存器的机器上高效地模拟 Java 虚拟机的行为。操作数栈的每个槽大小为 32 位。操作数栈的深度在程序编译期确定。

上面对 Java 虚拟机的各个部分进行了比较详细的说明。下面通过一个具体的例子来分析它的运行过程。

Java 虚拟机通过调用某个指定类的 main( )方法来启动，然后传递给 main( )方法一个字符串数组参数，使指定的类被装载，同时链接该类所使用的其他类型变量，并将该类初始化。例如：

```java
class HelloApp {
    public static void main( String[] args ) {
        System.out.println(" Hello World! " );
        for ( int   i = 0 ; i < args. length ; i++ ){
            System.out. println(args[i]);
        }
```

```
    }
}
```

上面的程序编译后，在命令行模式下输入"java HelloApp run virtual machine"。

通过调用 HelloApp 类的 main( )方法启动 Java 虚拟机，然后传递给 main( )方法一个包含 3 个字符串"run""virtual""machine"的数组。

在试图执行 HelloApp 类的 main( )方法时，发现该类并没有被装载，也就是说 Java 虚拟机当前不包含该类的二进制代码。于是，Java 虚拟机使用 ClassLoader 试图寻找该类的二进制代码，如果这个进程失败，则出现一个异常。该类被装载后同时在 main( )方法被调用之前，必须对 HelloApp 类与其他类型变量进行链接，然后将 HelloApp 类初始化。其中，链接包含 3 个阶段：检验、准备和解析。

在检验阶段，检查被装载的类的符号和语义。在准备阶段，创建该类或接口的静态域以及把这些域初始化为标准的默认值。在解析阶段，检查该类对其他类或接口的符号引用，这一阶段是可选的。类的初始化是对类中声明的静态初始化函数和静态域的初始化构造方法的执行。在初始化一个类之前，它的父类必须被初始化。Java 虚拟机的运行过程如图 1-2 所示。

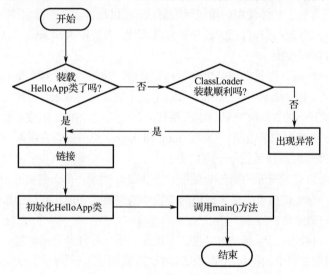

图 1-2　Java 虚拟机的运行过程

3. Java 跨平台的原理

Java 跨平台是通过 Java 虚拟机来实现的。Java 程序的开发过程包括编译、解释和执行几个过程。

1）编译

编译是指将 Java 源程序翻译为 Java 虚拟机可执行代码——字节码。Java 的编译同 C/C++的编译有些不同。当 C/C++编译器编译生成一个对象的代码时，该代码是为在某一个特定硬件平台运行而产生的。因此，在 C/C++的编译过程中，编译程序通过查表将所有对符号的引用转换为特定的内存偏移量，以保证程序运行。Java 编译器却不将对符号的引用编为数值，也不确定程序执行过程中的内存布局，而是将对符号的引用信息保留在字节码中，由解释器在运行过程中创建内存布局，然后再通过查表来确定一个方法所在的地址。这样，就有效地保证了 Java 的可移植性和安全性。

2）解释

在 Java 中，运行 Java 虚拟机字节码的工作是由解释器来完成的。解释分三步进行：代码的装入、代码的校验和代码的执行。代码的装入由"类装载器"完成。类装载器负责装入运行一个程序需要的所有代码，这也包括程序代码中类所继承的类和被其调用的类。当类加载器加载一个类时，该类的名字由"类加载器实例"和"类的全限定名"共同决定。不同的类加载器可以加载名称相同的类，而这些类在 Java 虚拟机中被视为不同的类。类加载器之间相互独立，除非存在父子关系。这样设计有助于实现类的隔离和模块化，防止命名冲突。这使得本地类通过共享相同的名字获得较高的运行效率，同时又保证其与从外部引进的类不会相互影响。当装入了运行程序需要的所有类后，解释器便可确定整个可执行程序的内存布局。解释器为符号的引用同特定的地址空间建立对应关系及查询表。这样，Java 就很好地解决了由超类改变而使子类崩溃的问题，同时也防止了代码对地址的非法访问。

随后，被装入的代码由字节码校验器进行检查。校验器可发现操作数栈溢出、非法数据类型转换等多种错误。通过校验后，代码便开始被执行了。

3）执行

Java 字节码的执行有以下两种方式。

（1）即时编译方式：解释器先将字节码编译成机器码，然后执行该机器码。

（2）解释执行方式：解释器通过每次解释并执行一小段代码来完成 Java 字节码的所有操作。

Java 虚拟机采用解释执行和即时编译相结合的方式。初始情况下，字节码由解释器逐条解释执行。当某段代码被多次执行时，即时编译器会将其编译为本地机器码，以提高运行效率。这种方式能够在保证 Java 跨平台性的同时，兼顾程序的执行性能。

4）Java 虚拟机规格描述

Java 虚拟机的设计目标是提供一个基于抽象规格描述的计算机模型，确保 Java 代码可在符合该规格的任何系统上运行。Java 虚拟机对其实现的某些功能给出了具体的定义，特别是对 Java 可执行代码（字节码）的格式给出了明确的规格，包括操作码、操作数的语法，数值、标识符的数值表示方式，以及 Java 类文件中的 Java 对象、常量缓冲池在 Java 虚拟机的存储映象。这些定义为开发人员提供了所需的信息和开发环境。Java 的设计者希望开发人员能随心所欲地使用 Java。Java 虚拟机是为 Java 字节码定义的一种独立于具体平台的规格描述，是 Java 平台独立性的基础。

5）Java 程序执行与 C/C++ 程序执行的对比分析

如果把 Java 源程序想象成我们的 C++ 源程序，Java 源程序编译后生成的字节码就相当于 C++ 源程序编译后的 80X86 的机器码（二进制程序文件），Java 虚拟机相当于 80×86 计算机系统，Java 解释器相当于 80×86CPU。在 80×86CPU 上运行的是机器码，在 Java 解释器上运行的是字节码。Java 解释器相当于运行字节码的"CPU"，但该"CPU"不是用硬件实现的，而是用软件实现的。Java 解释器实际上就是特定平台下的一个应用程序。Java 虚拟机的执行引擎（包括解释器和即时编译器）负责执行字节码。由于 Java 虚拟机是用软件实现的，因此 Java 程序可以在任何有 Java 虚拟机的平台上运行，从而实现 Java 的跨平台性。当前，并不是所有的平台都有相应的 Java 解释器程序，这也是 Java 并不能在所有平台上运行的原因。Java 只能在已有 Java 解释器程序的平台上运行。

4. Java 运行环境与 Java 开发包

Java 开发包是 Java 最基本的工具和开发环境。Java SE、Java EE 和 Java ME 是 Java 平台的 3 个不同版本，所使用的编程语言是相同的，但面向的领域和包含的库不同。

Java 开发包是整个 Java 的核心，包括了 Java 运行环境（Java Runtime Environment，JRE）、Java 编译器、大量的 Java 工具以及 Java 基础应用程序接口。无论哪个 Java 应用服务器，实质上都内置了某个版本的 Java 开发包。主流的 Java 开发包发行版本包括由 Oracle 公司提供的 Oracle JDK 和社区维护的 Open JDK。需要注意的是，从 Java 11 开始，Oracle JDK 的商业使用需要付费许可证，而 Open JDK 是免费开源的，提供了与 Oracle JDK 相同的功能。除此之外，还有许多基于 Open JDK 的发行版本，如 Amazon 的 Corretto、Eclipse 基金会的 Adoptium（前身是 Adopt Open JDK）等，这些版本都是免费可用的。

所有的 Java 程序都需要在 Java 运行环境下才能运行。Java 虚拟机是 Java 运行环境的核心部分。Java 开发包的一些工具也是用 Java 编写的，需要在 Java 运行环境下才能运行。如果要使用 Java 技术开发应用程序，首先需要安装 Java 开发包。在 Java 开发包的安装过程中，Java 运行环境也是其中的一部分。因此，Java 开发包包含了 Java 程序所需的运行环境。

Java 开发包包含的常用基本工具如下。

（1）javac：Java 源程序编译器，用于将 Java 源代码转换成字节码。

（2）java：Java 应用程序运行器，用于启动 Java 虚拟机来执行字节码。

（3）appletviewer.exe：Java Applet 浏览器。appletview 命令可在脱离万维网浏览器的情况下运行 Applet。注意：Applet 已在 Java 9 中被弃用，并从 Java 11 开始完全被移除，因此不再推荐使用 Applet。

（4）jar：Java 应用程序打包工具，可将多个文件合并为单个 JAR 归档文件。

（5）javadoc：Java 文档生成器，用于从源代码中的注释中提取信息，生成应用程序接口的文档（HTML 格式）。

（6）jdb：Java 调试器，可以逐行执行程序，设置断点和检查变量。

5．Java 开发包的下载

当前，Java 开发包版本众多，为了满足兼容性，推荐从 Oracle 公司官方网站下载 Oracle JDK。

访问 Oracle 公司官网后，导航至 Java 下载界面。当前，Oracle 公司取消了 Oracle JDK 的商业免费使用，下载 Oracle JDK 时需要注册账号，也可自行到第三方网站下载 Oracle JDK，但是应防范病毒风险。注意：使用 Oracle JDK 可能需要遵守特定的许可条款。

6．Java 开发包的安装

运行下载好的 jdk-8u191-windows-i586.exe（可能为其他文件名），按提示进行操作，如图 1-3、图 1-4 所示。

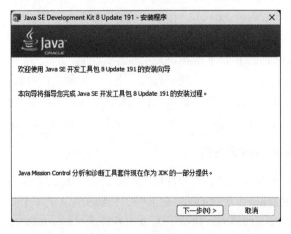

图 1-3　Java 开发包安装步骤（一）

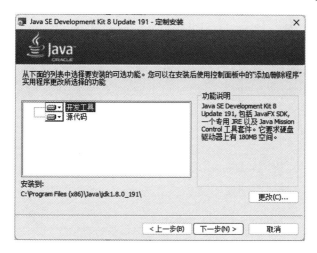

图 1-4 Java 开发包安装步骤（二）

在设置 Java 开发包安装路径时，建议将其安装在 C:\Java\jdk180\或 D:\Java\jdk180\这种没有空格字符的目录文件夹下，避免在 Java 程序编译、运行时因文件路径而出错。

7. Java 开发包的配置

Java 开发包安装完成后，需设置 Java 开发包环境变量。右击计算机操作系统界面，在右键快捷菜单中选择"属性"选项；在打开的"属性"对话框中单击"高级"选项卡；在"高级"选项卡中选择"环境变量"选项；在打开的"环境变量"对话框中，单击"新建"按钮；在打开的"编辑系统变量"对话框中新建系统变量 JAVA_HOME 和 classpath，如图 1-5 所示。

注意：如要在 cmd 命令行中设置环境变量路径，应在每个环境变量路径后用"；"分隔。

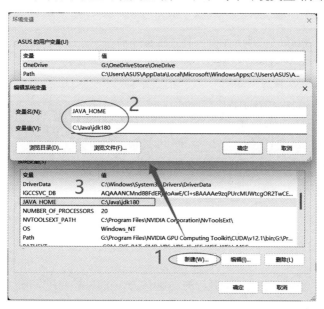

图 1-5 Java 开发包环境变量设置

8. 调试 Java 开发包

在 D 盘目录下新建一个 HelloWorld.java 文件，并输入以下代码：

```
public class HelloWorld{
    public static void main(String[] args ){
        System. out. println("Hello，world!" );
    }
}
```

输入上面的代码后，如图 1-6 所示。注意：这里的类名 "HelloWorld" 一定要与文件名一致，其中字母的大小写也要一致。

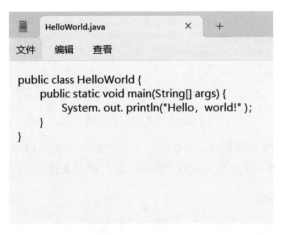

图 1-6　输入代码

单击 "开始" → "运行" 菜单命令，在打开界面的 cmd 命令行中输入以下内容：

```
d:                      //打开 D 盘
javac HelloWorld.java //编译 HelloWorld. java 文件
java HelloWorld      //运行 HelloWorld 类（HelloWorld.class，这里的.class 不用写）
```

若看到 "Hello，world!"，即表示开发环境配置成功。

输入 "java -version"，可以看到系统中所安装的 Java 版本信息（如图 1-7 所示），这样便完成了 Java 开发包的下载、安装与配置。

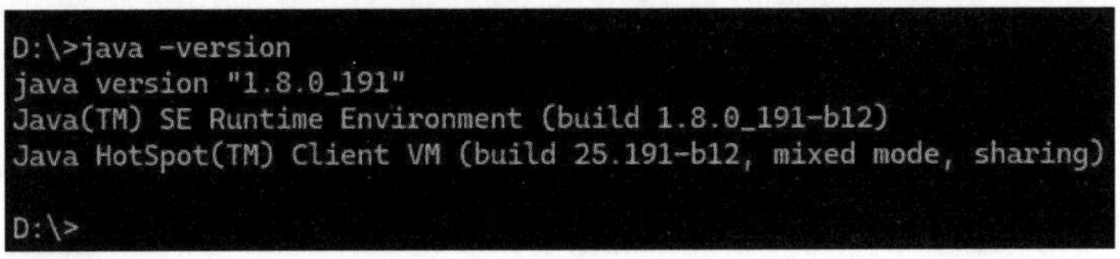

```
D:\>java -version
java version "1.8.0_191"
Java(TM) SE Runtime Environment (build 1.8.0_191-b12)
Java HotSpot(TM) Client VM (build 25.191-b12, mixed mode, sharing)

D:\>
```

图 1-7　Java 版本信息

二、Eclipse

Eclipse 是 IBM 公司开发的一个开源的、基于 Java 的可扩展开发平台，于 2001 年移交给 eclispe.org 协会。Eclipse 附带了一个标准的插件集，包括 Java 开发包。在 Eclipse 的官网上下载 eclispe.exe 文件。下载该文件后无须安装，只需双击该文件即可启动 Eclipse。启动 Eclipse 后，会弹出一个 "Workspace Laucher" 对话框。在该对话框中选择一个文件夹作为 Eclipse 的工作区。

在打开的主窗口里，单击 "文件" → "新建" → "JPA Project" 菜单命令，打开 "新建 Java 工程" 的对话框。在该对话框的 "Project Name" 文本框中输入工程名称，"JRE" 选区中选择 "Use a project specific JRE"选项，再单击"Finish"按钮完成新建工程。在左边的"Package Explorer"窗口里的工程名下面的 src 文件夹上右击，然后在弹出的菜单中单击"NewClass"菜单命令，新建一个名为"Hello"的 Java 程序。

如图 1-8 所示，在右边的代码编写界面里编写例 1.1 的 Java 程序，然后单击工具栏里的（绿色）右向箭头按钮，即可运行该 Java 程序。在 Eclipse 中，编译和运行 Java 程序都用这个按钮来完成。

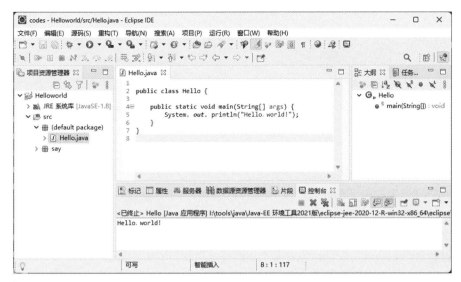

图 1-8　Eclipse 中的 Java 程序编译

【例 1.2】Eclipse 下载与基本使用方法。

Eclipse 是一款优秀的 Java 程序开发平台。利用它可以非常方便地编写、编译和运行 Java 程序，并能方便地进行 Java 程序纠错。

在使用 Eclipse 时，必须首先为 Eclipse 程序指定一个文件夹作为其工作空间。接下来，在该工作空间中创建若干项目，在每个项目中还可创建若干个包，然后将 Java 程序分类放在不同的包中。

此外，Eclipse 本身是英文版软件，为了使其界面变为中文版，必须下载其对应版本的多国语言包，并对其进行安装和配置。

（1）首先必须安装 Java 开发包，Eclipse 方能使用。此外，如果用户还希望使用 Java 开发包的各种程序，则应按照前面介绍的内容配置 Windows 的环境变量。

（2）打开 IE 浏览器，在"地址"栏输入 Eclipse 的官方网址并按回车键，打开 Eclipse 下载界面，如图 1-9 所示。

在该下载界面中，单击"Download"链接，打开文档下载站点选择界面，单击其中某个站点即可以开始下载文件。

双击下载的 Eclipse 程序文件包，将其解压缩到一个指定文件夹。参照上述方法从网上下载 Eclipse 对应版本的多国语言包，然后按说明对其进行安装（本书的配套资料包中已为读者配置好）。其大致安装步骤如下。

① 将 Eclipse 程序文件包复制到 D:\\eclipse 文件夹中。

② 在 eclipse 安装目录内新建一个 language 文件夹，即 D:\\edipse\language 文件夹。

③ 将下载的多国语言包解压缩到名为 eclipse 的文件夹中，再将 eclipse 文件夹复制到步骤②中创建的 language 文件夹下，即多国语言包的内容位于 D:\\eclipse\language\edipse 文件夹中。

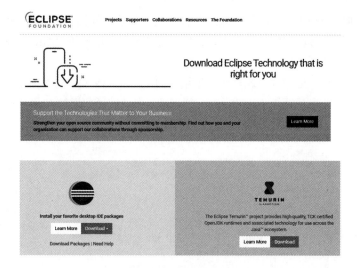

图 1-9　Eclipse 下载界面

④ 在 eclipse 安装目录内新建一个 links 文件夹，即 D:\eclipse\links 文件夹。

⑤ 在 links 文件夹下新建一个文本文件，并命名为 language.txt，然后在该文件内输入"path=D://eclipse//language"（注意：路径分隔符由两个斜杠组成），最后保存该文件，并将该文件的扩展名由.txt 改为.link。

⑥ 重新启动 Eclipse，Eclipse 软件英文界面便成功变为中文界面了。

（3）双击 eclpise 文件夹中的 eclipse.exe，即可启动 Eclipse 程序。选择希望作为工作空间的文件夹后，单击"欢迎"界面左上角的按钮，关闭该界面，此时出现 Eclipse 的初始工作界面。

（4）单击"文件"→"新建"→"项目"菜单命令，打开"新建项目"对话框。在该对话框下方的项目列表中，单击"Java"前面的"+"号，展开该项目，选中"Java 项目"选项，如图 1-10 所示。

图 1-10　Eclipse 运行界面

（5）在图 1-10 中，单击 按钮，打开"新建 Java 项目"对话框。在该对话框的"项目名"文本框中输入项目名称，如"Java 教程"，如图 1-11 所示。

图 1-11 新建 Java 项目

（6）在图 1-11 中，单击 **完成(F)** 按钮，在打开的"要打开相关联的透视图吗？"对话框中单击"打开透视图"按钮，表示在创建 Java 项目后打开相关联的透视图，如图 1-12 所示。创建好 Java 项目后，系统将在前面所选工作空间文件夹中，以项目名称创建一个新文件夹。在这个新文件夹中，所有源程序都将被放置在其下的 src 文件夹中，而生成的字节码文件都将被放置在其下的 bin 文件夹（该文件夹被隐藏，无法在资源管理器中看到）中。

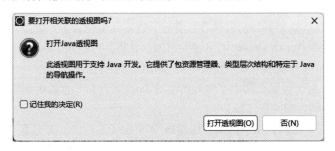

图 1-12 相关联的透视图

（7）为了进一步分类管理 Java 程序，我们还可以在项目中创建多个包。为此，可单击"文件"→"新建"→"包"菜单命令，打开"新建 Java 包"对话框。在该对话框的"名称"文本框中输入包的名称，如图 1-13 所示。

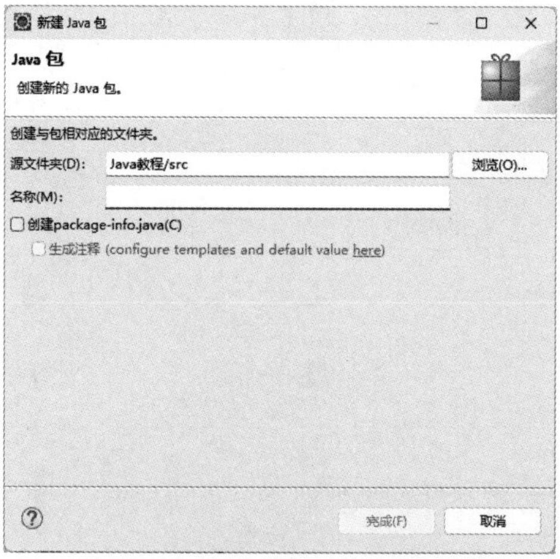

图 1-13 "新建 Java 包"对话框

简单地说，包就是一个文件夹，其中放置了功能相同或相近的一组 Java 字节码文件（*.class）。在 Eclipse 中，为了便于管理文件，系统会将 Java 源程序和编译结果程序按相似的目录结构进行存放。

创建包后，如果在该包中创建 Java 程序，则这些程序将被放置在 Java 工作空间文件夹→Java 项目文件夹→src 文件夹→包文件夹中（存放扩展名为.java 的 Java 源程序），而程序编译结果将被放置在 Java 工作空间文件夹→Java 项目文件夹→bin 文件夹→包文件夹（存放扩展名为.class 的 Java 字节码文件）中。

包实际上是一组.class 文件的集合。通常情况下，把功能相同或相关的文件都组织在一个包中。Java 就提供了很多这样的包，例如，java.it 包中的类都与输入、输出有关；java.applet 包中的类都与 Java 小程序有关。

任务三　Java 程序的基本结构

Java 程序可分为以下两类。

（1）Java 应用程序（Java Application）：依赖 Java 运行环境或 Java 开发包中的解释器来运行。

（2）Java 小程序（Java Applet）：其调用命令嵌入在网页的 HTML 代码文件中；显示网页时由 Web 浏览器内置的 Java 解释器解释执行，并将其内容显示网页中。此外，也可以用 Java 开发包提供的小程序查看器 Applet viewer 浏览这类网页，并将其内容显示在一个小窗口中。

【例 1.3】使用 Java 开发包开发一个简单的 Java 应用程序。

该程序运行时，将在屏幕上输出"欢迎你学习 Java 语言！"。读者可通过此例熟悉 Java 应用程序的编写、编译和运行的完整过程。

编写 Java 源程序：可以使用任何文本编辑器编写 Java 源程序，如记事本。保存 Java 源程序文件时，文件的扩展名为"*.java"。

编译 Java 源程序文件：用 Java 编译器对 Java 源程序文件进行编译，文本被翻译为 Java 虚拟机可以理解的指令，并创建字节码文件（.class）。

运行程序：用 Java 解释器将字节码文件翻译为计算机可以理解的指令并运行。

具体步骤如下。

（1）使用文本编辑器输入下面的程序，将该程序命名为 Welcome.java，并保存在某个文件夹（如 Welcome.java）中。

```
/*Welcome.java */
public class Welcome {                              //一个 Java 应用程序
    public static void main( String args[ ] ){
        System.out.println("欢迎你学习 Java 语言 !");
    }
}
```

程序解释如下。

① 第 1 行用"/*"和"*/"括起来（可包括多行）的内容，以及第 2 行"//"后面的内容（仅限于当前行）是 Java 程序中的注释。在 Java 程序中使用注释，可增加 Java 程序的可读性。

② 第 2 行开始进行类的定义。其中，保留字 class 用来定义一个新的类，其类名是 Welcome，它是一个公共类（public）。设计任何 Java 程序必须声明类。

Java 程序中可以定义多个类，但最多只能有一个公共类，并且 Java 程序文件名必须与该公共类名完全相同。整个类定义用"{}"括起来，其内部称为类体。类体用来定义类的成员变量和成员方法。命名 Java 程序文件时，注意区分 Java 程序文件名中字母的大小写。

③ 第 3 行定义了类的 main( )方法。其中，public 用于表示访问权限，即所有类都可以使用这一方法；static 指明该方法是一个类方法，Java 程序中通过类名即可直接调用它；void 表示 main( )方法不返回任何值；String args[]声明了 main( )方法的参数，在这里声明了该参数的类型为字符串。

对于 Java 应用程序而言，main( )方法是必需的，它被作为 Java 应用程序执行的入口，而且必须按照上述格式来定义。换句话说，如果一个 Java 应用程序由多个类构成，则只能有一个类有 main( )方法。包含 main( )方法的类称为主类或可运行类。

④ 第 4 行是 main( )方法的具体内容，其功能是在当前行显示字符串并换行。其中，System 表示系统类；out 是 PrintStream 类的对象；println 是 out 对象的方法。

（2）打开 DOS 窗口，执行刚才编译的文件，参照前面介绍的方法打开 DOS 仿真窗口，执行"cd\Welcome.java"命令，改变当前目录。

（3）输入"javac Welcome.java"并按回车键，对 Java 源程序进行编译。如果 Java 源程序有错误，则会出现错误提示；如果 Java 源程序顺利通过编译，会在当前目录下为 Java 源程序中的每个类产生一个字节码文件 Welcome.class。

（4）输入"java Welcome"（输入 Java 程序名时注意其中字母的大小写）并按回车键，运行该程序。上述 Java 程序运行结果如图 1-14 所示。其中，"java"为 Java 解释器的名称；"Welcome"为包含 main( )方法的类的名称。

图 1-14　上述 Java 程序运行结果

【例 1.4】使用 Eclipse 开发一个简单的 Java 程序。

通过例 1.3 可以看出,利用 Java 开发包的方式开发 Java 程序非常不方便,不能够做到可视化。Eclipse 就明显克服了这个缺陷。Eclipse 有流畅的错误提示,并且可以下载不同类型的包和类,从而方便了 Java 程序的开发。

关键点如下。

(1)了解 Eclipse 中 Java 程序开发的方法。

(2)学习 Eclipse 中对 Java 程序的智能纠错方法。

(3)了解在 Eclipse 中运行 Java 程序以及为 Java 程序制定运行参数的方法。

操作方法如下。

(1)打开 Eclipse,新建 HELLO world 项目。

(2)创建一个包,命名为 say;创建一个类,命名为 World,如图 1-15 所示。

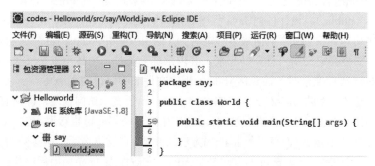

图 1-15　创建一个包和一个类的 Java 程序

(3)在图 1-15 所示的 Java 程序中增加以下代码。

```
public static void main( String args[ ] ){
    System.out.println("Hello world" );
}
```

(4)上述 Java 程序运行结果如图 1-16 所示。

图 1-16　上述 Java 程序运行结果

程序解释如下。

(1)第 1 行为语句"package Say;"。该语句声明了程序所属包。该语句是必需的,并且必须是 Java 程序的第一条语句,否则 Java 程序将会出现错误。但是,如果创建 Java 程序时不选中任何包,则表示在默认包中创建 Java 程序。在默认包中创建 Java 程序时,则无须进行包声明,即无须在 Java 程序的开始处出现"package Say;"包声明语句。

(2)"package Say"下面的语句分别定义了一个公共类 world 和一个 main( )方法。

【例 1.5】开发一个简单的 Java 小程序。

Java 小程序是用 Java 编写的小应用程序，它只能通过在 HTML 网页中嵌入访问字节码文件的命令，由支持 Java 的浏览器或 Java 开发包的小程序浏览器来解释执行。

在网页中使用 Java 小程序，主要是为了增强网页的动态效果，以及使网页具有交互功能。

与 HTML 网页文件一样，Java 小程序平时也被放置在 Web 服务器中。当用户访问包含 Java 小程序的网页时，Java 小程序与 HTML 网页文件同时被下载到用户的计算机中，然后由支持 Java 的浏览器解释执行 HTML 和 Java 小程序。包含 Java 小程序的网页称为 Java-powered 网页或 Java 支持的网页。

在本例中，设计了一个 Java 小程序和一个网页。其中，Java 小程序的功能是显示"欢迎你学习 Java 语言！"字样；网页中包括了调用 Java 小程序的命令。因此，在显示网页时，将显示"欢迎你学习 Java 语言！"字样。通过此例，读者可了解开发和应用 Java 小程序的方法。

技术要点如下。

（1）首先使用任意纯文本编辑器编写 Java 源程序和 HTML 文件，并分别以扩展名".java"和".html"保存。其中，HTML 文件中应包含调用字节码文件的指令。

（2）用 Java 编译器对 Java 源程序编译，生成扩展名为".class"的字节码文件。

（3）双击 HTML 文件，使用 IE 浏览器浏览网页。此外，也可以使用 Java 开发包提供的 Appletviewer 工具浏览网页。

操作方法如下。

（1）使用任意纯文本编辑器输入下面的内容，并将其以"JavaApplet.java"文件名称保存在"myjava"文件夹中。

```
/*JavaApplet.java*/
import java.awt.Graphics; //用 import 语句导入 java.awt.Graphics 类
import java.applet.Applet; //用 import 语句导入 java.applet.Applet 类
/**
*   定义了公共类 JavaApplet(程序名称应与它一致)。extends 指明了该类是 Applet
*   的派生类或子类，这是 Java 小程序的真正入口
**/
public class JavaApplet extends Applet {
    public void paint(Graphics g   ){
        //调用了对象 g 的 drawString( )方法，
        //在坐标(20,20)处输出字符串"欢迎学习 Java 语言！"
        //其中，坐标是以像素为单位的
        g.drawString("欢迎你学习 Java 语言",20,20);
        }
    }
```

（2）使用任意纯文本编辑器中输入下面的内容，并将其以"JavaApplet.html"为文件名称保存在"myjava"文件夹中。

```
<html> <head>
<title>Applet
</title>
  </head>
<body>
        <applet code=JavaApplet.class width=200 height=40>
        </applet>
```

```
    </body>
    </html>
```

程序解释如下。

① 调用 Java 小程序的网页的 HTML 文件代码中必须带有一对标记。支持 Java 的浏览器遇到这对标记时，将会下载相应的小程序代码，并在本地计算机上执行。

② HTML 文件中关于 Java 小程序的信息至少包括 3 个，分别是字节码文件路径和名称，以及在网页上显示 Java 小程序的格式。

（3）执行 cmd 命令，切换到 DOS 窗口，将当前目录设置为 "c:\myjava"。

（4）输入 "javac JavaApplet.java" 并按回车键，对 Java 源程序进行编译。

（5）在命令提示符下输入 "appletviewer JavaApplet.html" 并按回车键，Java 小程序运行结果如图 1-17 所示。

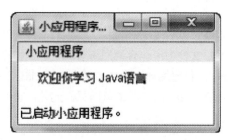

图 1-17　Java 小程序运行结果

项目小结

本项目首先介绍了 Java 的产生、发展，以及开发工具和开发环境；然后介绍了 Java 程序的基本结构，并列举了一些小的 Java 程序实例。

思考与练习

一、选择题

1. 下面是一组有关 Java 程序的描述，其中错误的是（　　）。

   A．Java 程序的最大优点是它的跨平台特性

   B．Java 程序是依赖于 Java 虚拟机解释执行的

   C．Java 程序由一个或多个类组成，其中包含 main 方法的类为主类，它是程序的入口

   D．Java 程序也可编译成可执行程序，直接运行

2. 下面是一组关于 Java 开发包的描述，其中正确的是（　　）。

   A．Java 开发包只能用于运行 Java 程序

   B．Java 开发包是一个 Java 程序开发平台，既可以编译 Java 程序，也可以运行 Java 程序

   C．Java 开发包是一个 Java 程序编辑器

   D．Java 开发包只能编译 Java 程序，但无法运行 Java 程序

3. 下面是一组关于 Eclipse 的描述，其中错误的是（　　　）。

A. Eclipse 是一个优秀的 Java 程序编辑器，可直接对程序进行基本检查，如发现错误，将以波浪线标识，将光标移至错误处，并给出错误提示及纠错建议

B. Eclipse 是一个 Java 程序开发平台，可管理、编辑、编译、运行 Java 程序

C. Eclipse 实际上是一个插件，它必须依赖 Java 开发包才能工作

D. Eclipse 自身功能非常完善，无须任何环境支持

4. 下面是一组关于 Java 类的描述，其中错误的是（　　　）。

A. 所有 Java 程序都是由一个或多个类组成的

B. Java 程序中只能有一个 Public（公共）类

C. Java 程序中只能有一个主类

D. Java 主程序不能是类，否则无法运行 Java 程序

二、简答题

1. Java 主要应用于哪些方面？

2. Java 程序分哪两种？它们之间的区别是什么？

3. 什么是 Java 虚拟机？Java 的运行机制是怎样的？

4. Java 有哪些主要特点？

5. 简要说明用 Java 开发包开发 Java 应用程序和 Java 小程序的方法和步骤。

三、编程题

编写一个分行显示自己的姓名、地址和电话的 Java 应用程序，并将其保存为 Test.java 文件。

项目二

Java 编程基础

Java 的基本语法与其他高级编程语言的语法有很多共同之处，但是也有其独特之处。例如，字符串在 Java 中没有被当成数组，而是被当成对象。另外，Java 不支持指针、结构体与联合体等复杂数据类型。

任务一 标识符与分隔符

一、Java 的标识符

1．标识符的定义

在 Java 中，标识符是指用户在编程时用来标识常量、变量、数据类型、类、对象和方法等的名字。在例 2.1 中，就用到了一些标识符，如 Hello World（类名）、message（字符串变量名）、myPrint（函数名）。

【例 2.1】标识符的使用。

```java
public class HelloWorld {
    public static void main(String[] args ){
        String message= "Hello World! "
        myPrint(message );
    }
    private static void myPrint(String s){
        System.out.println(s);
    }
}
```

运行结果如下：

```
Hello World!
```

2．标识符的命名

1）命名规则

为了有效地使用标识符，有必要了解标识符的以下几条命名规则。

（1）由字母（A～Z、a～z）、特殊符号（$、_）和数字（0～9）组成。

（2）必须以字母、下画线、$符号开头，不能以数字开头。

（3）不能为关键字，如 int、class、true、false、null 等。

（4）区分字母的大小写。

（5）没有长度限制。

例如，power2、thePic、$money、_12t、U_a123、_1a_s 等都是有效的标识符。

2）一般约定

关于标识符还有下述的 4 个一般约定。

（1）在表示常量的标识符中，字母应全部大写，如 PI。

（2）在表示类名的标识符中，每个单词的首字母应大写，如 FirstLabel。

（3）在表示公有方法和实例变量的标识符中，应以小写字母开始，且后面每个单词的首字母应大写，如 getCurrentValue。

（4）在表示私有或局部变量的标识符中，字母应全部小写，如 next_value。

二、Java 的分隔符

分隔符可以方便用户在编程时引用常量、变量、数据类型、类、对象和方法等，并对控制程序文本的格式起着重要作用。它包括空白符、分号、逗号、冒号、大括号五种类型。分隔符的使用场合与功能如下。

空白符：包括空格、换行符、制表符。其中，空格一般用于分割语句中的两个关键字；换行符一般用于完成语句的换行；制表符一般用于语句的缩进，以便实现整个程序锯齿形的排列格式。

分号：用于表示语句结束，或者用于 for 循环语句。

逗号：用于变量之间的分隔。

冒号：用于条件运算符与 switch…case 语句。

大括号：用于表示类体、方法体、复合语句。

三、Java 的特殊标识符

1. 关键字

关键字是指 Java 中已经赋予特殊含义的一些标识符，且用户在自己定义标识符时不可以再使用这些标识符。

2. 保留字

保留字是指 Java 预留的但暂时没有使用的关键字。对于保留字，用户也不能将其作为标识符使用。Java 的保留字有 const，goto。

另外，对于一些常用的系统类名、方法名等，用户最好也不要使用，否则有可能导致程序出错。Java 的关键字和保留字如表 2.1 所示。

表 2.1　Java 的关键字和保留字

关键字和保留字			
abstract	double	int	strictfp
assert	else	interface	switch
boolean	enum	long	synchronized
break	extends	native	this

关键字和保留字			
byte	final	new	throw
case	finally	package	throws
catch	float	private	transient
char	for	protected	try
class	goto *	public	void
const *	if	return	volatile
continue	implements	short	while
default	import	static	va（从 Java10）
do	instanceof	super	yield（从 Java13）
record（从 Java14）	sealed（从 Java15）	permits（从 Java15）	non-sealed（从 Java17）

注："*"表示当前未被使用，但作为 Java 的保留字。

"从 Java**"表示从 Java 某版本开始引入。

任务二　数据类型

通过对数据类型、常量与变量的学习，可以加深对标识符、关键字以及分隔符的理解。在 Java 中，数据类型可以分为基本数据类型与复合数据类型。

一、基本数据类型

在 Java 中，基本数据类型又称原始数据类型。基本数据类型的变量可以直接存储数据。例如：

int n=10;

Java 的基本数据类型如表 2.2 所示。

表 2.2　Java 的基本数据类型

基本数据类型	表 示 方 法	B/bit	范　　围	默认初始值
整型	byte（字节整数）	1B	$-128\sim127$	0
	short（短整数）	2B	$-32768\sim32767$	0
	int（整数）	4B	$-2147483648\sim2147483647$	0
	long（整数）	8B	$-2^{63}\sim2^{63}-1$	0L
实型	float（单精度）	4B	$-3.403e38\sim3.403e38$	0.0F
	double（双精度）	8B	$-1.798e308\sim1.798e308$	0.0D
字符型	char	2B	\u0000～\uffff	\u0000
布尔型	boolean	1bit	true，false	false

基本数据类型定义的语法格式如下：

数据类型 变量名；

例如：

```
int i =178;
long 1 = 8864L;            //或 long 1 = 88641;
double d1 = 37.266;
double d2 = 37.266D;       //或 double d2 = 37.266d;
double d3 = 26.77e3;       //科学记数法
float f = 87.363F          //或 float f = 87.363f;
char c ='d ';
boolean b1 = true;
boolean b2 = false;
```

二、复合数据类型

在 Java 中，复合数据类型又称引用数据类型，包括数组（Array）、类（Class）、接口（Interface）与字符串（String）。复合数据类型的变量存储的不是数据，而是数据在内存中存放的地址。例如：

```
String s="Java";
```

三、数据类型转换

不同数据类型的数据在计算时可能需要进行数据类型转换。例如，当二元运算的两个操作数类型不同时，这两个操作数就需要进行数据类型转换。数据类型转换是指将一种类型的数据转换为另一种类型的数据，如整型与实型数据之间的转换、整型与字符型数据之间的转换等。数据类型转换的方式有以下两种。

1. 隐式类型转换

隐式类型转换又称自动类型转换或宽化转换，由系统自动完成。例如：

```
int n= 10;
double d = n;
```

当将整型变量 n 直接赋值给一个双精度变量 d 时，n 就自动转换为双精度类型。合理的隐式类型转换如表 2.3 所示。

表 2.3　合理的隐式类型转换

源 类 型	转换后不会丢失数据的目的类型
byte	short，char，int，long，float，double
short	char，int，long，float，double
char	int，long，float，double
int	long，float，double
long	float，double
float	double

2. 显式类型转换

显式类型转换又称强制性类型转换或窄化转换（Narrowing Conversion）。请看下面两行代码：

```
double d = 1.5;
int n = d ;
```

编译以上代码之后，会出现"可能损失精度"的编译错误。这是因为双精度数占 8 个字节的内存空间，将它赋值给仅占 4 个字节的整数后会产生溢出。因此，将以上代码改成：

```
double d = 1.5;
int n =new(int) d;
```

其中，多加了一个"(int)"的目的就是根据整数所占内存空间的大小（4 个字节）将双精度数截断，使之可以在整数的 4 个字节空间里保存。

【例 2.2】显式类型转换的使用。

```
public class ConvertTest2{
    public static void main( String[] args ){
        char c1 ='A',  c2; //A 的 ASCII 值为 65 int i;
        i = c1 + 1;
        c2 =(char)i;
        System.out.println(cl +c2);
        System.out.println(cl +"," + c2);
    }
}
```

运行结果如下：

```
131 A，B
```

四、各种类型数据的表示方法

无论是为变量或常量（稍后介绍）明确指定一个值，还是在程序中为变量赋值，我们都必须了解 Java 中各种类型数据是如何表示的。

1. 整型数据

整型数据包括十进制整数、八进制整数和十六进制整数。

（1）十进制数表示方法：由正、负号和数字 0～9 组成，但数字部分不能以 0 开头。例如：

```
int   x=10,y=-24;
```

（2）八进制数表示方法：由正、负号和数字 0～7 组成，数字部分以 0 开头。例如：

```
short   x=010,y=-024;
```

（3）十六进制数表示方法：由正、负号，数字 0～9，字母 A～F 或 a～f（表示数值 10～15）组成，数字部分以 0X 或 ox 开头。例如：

```
int   x=0xff3a, y=-0X3D4;
```

此外，长整型数之后必须添加后缀字母"L"或"1"。同时，由于小写字母"1"很容易与阿拉伯数字"1"混淆，建议使用"L"。例如：

```
long x1=100L;
```

2．浮点型数据

浮点型数据有以下两种表示方法。

（1）小数表示法：由整数部分和小数部分组成，如 4.0。

（2）科学计数表示法：在小数表示法的数据之后加 "E" 或 "e" 及指数部分，常用来表示很大或很小的数。注意："E" 或 "e" 前面必须有数字；指数部分可正可负，但必须都是整数，如 4.2E-5。

另外，必须在单精度数据之后加 "F" 或 "f"；在双精度数据之后加 "D" 或 "d"（通常可以省略），因为默认浮点型数据就是双精度类型。例如：

```
final float f1=0.123F，f2=4.2e-5F;
final double d1=0.123，d2=0.789d，d3=3e6D;
```

3．字符型数据

字符型数据的表示方法有普通字符表示法和转义字符表示法两种。例如：

```
char c1= 'a'，c2= '\n'，c3='人';
```

（1）普通字符表示法：用单引号将一个字符括起来，而且区分字母的大小写。例如，'A1' 和 'a' 是两个不同的字符，而 'VC' 是不合法的。对于多个字符，应使用双引号将其括起来。

（2）转义字符表示法：格式为 "\字符"，主要用来表示一些无法显示的字符，如回车符、换行符、制表符等。常用的转义字符如表 2.4 所示。

表 2.4　常用的转义字符

字 符 形 式	ASCII 值	功　　能
\a	0x07	响铃
\b	0x08	退格
\t	0x09	横向制表符
\n	0x0a	换行
\r	0x0d	回车
\\	0x5c	反斜杠
\'	0x27	单引号
\"	0x22	双引号
\u××××	0x0000~0xffff	Unicode 字符， 如\u4E2D 对应汉字 "中"

4．字符串

字符串的表示方法：使用双引号将零个或多个字符括起来，且其中可以包含转义字符。例如：

```
String c1= "I am Java! ";
String c2= "\n 换行";
String c3= "\n "+c1+c2;
```

另外，表示字符串开始和结束的双引号必须在源代码的同一行上；如果一行写不下，应在两行之间使用 "+" 号。例如：

```
final Stringc4= "\nWeareready"+
          "comeon! ";
```

可见，可以使用连接运算符 "+" 把多个字符串串联在一起，从而组成一个更长的字符串。

任务三 变量和常量

一、变量

1．变量声明和初始化

变量是指在程序执行过程中，其值可以改变的量。变量可分为整型变量、实型变量、字符型变量、字符串变量、布尔型变量等。

（1）变量声明的语法格式如下：

数据类型 变量名

例如：

```
int x,y,z;
float a,b;
boolean mycom;
```

（2）变量初始化可以采用以下两种方式。

① 在变量声明时赋初始值。例如：

```
int x=1,y=2,z=3;
float e = 2.718281828f;
```

② 采用赋初始值语句。例如：

```
float pi,y;
pi = 3.1415926f;
y = 2.71828f;
```

2．变量的生命期和作用域

变量的生命期是指变量的生存周期，即变量在哪个时间段是有效的。变量的作用域是指变量的有效使用范围。变量的作用域有下述约定。

（1）变量的作用域可以在代码块中声明。

（2）代码块以左大括号开始，以右大括号结束。

（3）每次创建一个新的代码块后，就是创建了一个新的作用域。

变量的作用域类型如图 2-1 所示。

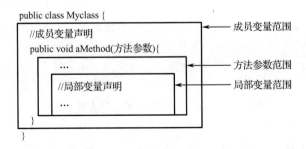

图 2-1　变量的作用域类型

变量的使用范围如图 2-2 所示。

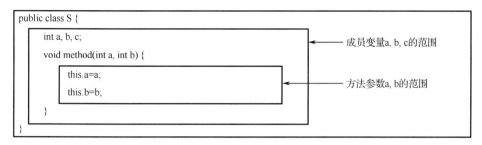

图 2-2 变量的使用范围

二、常量

数据从表现形式上来说有两种情况：一是在程序的运行过程中值不发生改变；二是在程序的运行过程中值可以根据用户的要求改变。其中，前者称之为常量，后者称之为变量。常量可分为整型常量、实型常量、布尔型常量、字符型常量和字符串型常量等。下面分别介绍这几种类型常量。

1．整型常量

在 Java 中，整型常量常用十进制数、八进制数、十六进制数表示，且可以有正、负号，如表 2.5 所示。

表 2.5 整型常量

表 示 形 式	起 始	最大整数（正）	最大长整数（正）	举 例
十进制数	0,1～9	2147483647	9223372036854775807L	23，－12，0，1234
八进制数	0	017777777777	0777777777777777777777L	034，0175，－0777L
十六进制数	0x	0x7fffffff	0X7FFFFFFFFFFFFFFFL	0xff，0X45L

2．实型常量

实型常量包括双精度实数（double，8 个字节，数字后加字母"D"或"d"）、浮点实数（float，4 个字节，数字后加字母"F"或"f"）。若实型常量数字后面无明确字母标识，则该实型常量被默认为双精度实数。实型常量可以用以下两种方法来表示。

十进制数表示法：数字和小数点组成，且必须有小数点，如 0.12，.12，12.，12.0。

科学记数表示法：如 123e3，123E3，0.4e8D，－5e9。

3．布尔型常量

布尔型常量只包括 true 和 false 两种。

4．字符型常量

字符型常量是指用单引号括起来的单个字符，如'a' 'A' '@' 'a'。

在 Java 中，字符为 Unicode 的双字节字符，范围\u0000～\uFFFF。

字符型常量还包括转义字符，用于控制输出格式，如表 2.6 所示。

表 2.6　转义字符

转 义 字 符	意 义
\b	退格
\t	制表符
\n	换行
\r	回车
\'	单引号
\"	双引号
\\	反斜杠

5. 字符串型常量

字符串型常量是指用双引号括起来的若干个字符，如"Java 语言" "A"。字符串型常量还可以是空字符串，如" "。

任务四　运算符

在 Java 中，运算符按照操作数的多少分为一元（单目）运算符、二元（双目）运算符、三元（三目）运算符三类，也可以按照操作数的类型分为算术运算符、关系运算符、逻辑运算符、赋值运算符、条件运算符、位运算符。本任务将简单介绍各类运算符及其优先级与结合方向。各种类型运算符的用法如表 2.7 所示。

表 2.7　各种类型运算符的用法

按照操作数的多少分类的运算符	用 法
一元（单目）运算符	operator op 或 op operator
二元（双目）运算符	op1 operator op2
三元（三目）运算符	op1? op2：op3

注：op 表示操作数，如 op1 表示操作数 1，op2 表示操作数 2；operator 表示运算符。

一、算术运算符

算术运算符又可分为自增、自减运算符，加法运算符，减法运算符，乘法运算符，除法运算符和求模运算符六类，如表 2.8 所示。

表 2.8　算术运算符

类 型	运 算 符	示 例	意 义
自增、自减运算符	++, --	x++; x--;	x=x+1; x=x-1;
加法运算符	+	x+y	x 加 y
减法运算符	-	x-y	x 减 y

类 型	运 算 符	示 例	意 义
乘法运算符	*	x*y	x 乘 y
除法运算符	/	x/y	x 除 y
求模运算符	%	x%y	x 除 y 的余数

例如:

```
int i = 7;
int j =12;
double x = 27.475;
double y = 7.22;
```

对 i、j、x、y 做加法、减法、乘法、除法运算的结果如表 2.9 所示。

表 2.9 对 i、j、x、y 做加法、减法、乘法、除法运算的结果

加法运算的结果	减法运算的结果	乘法运算的结果	除法运算的结果	求模运算的结果
i+j = 19	i-j = -5	i*j = 84	i/j = 0	i%j=5
x + y = 34.695	x-y = 20.255	x*y= 198.3695	x/y = 3.8054	x%y = 5.815

在 Java 中,没有求幂运算符,必须使用 java.lang 包中 Math 类的 pow( )方法进行求幂运算。一般求幂运算的语法格式如下:

```
double y=Math.pow(x,a);
```

该语句表示将 x 的 a 次幂赋值给 y。pow( )方法的两个参数 x 和 a 均为 double 类型,返回的值 y 也是 double 类型。下面进一步通过例 2.3 来予以说明。

【例 2.3】计算并输出 x 的 a 次幂。

```
public class Arithmetic_Pow_Test{
    public static void main(String[] args){
        double x=3.0, double a=4.0;
        System.out.println("y= "+ Math.pow(x, a ) );            //计算并输出 x 的 a 次幂
    }
}
```

运行结果如下:

```
y=81.0
```

二、关系运算符

关系运算符可分为大于运算符、大于或等于运算符、小于运算符、小于或等于运算符、等于运算符、不等于运算符六类,如表 2.10 所示。

表 2.10 关系运算符

类 型	运 算 符	示 例
大于运算符	>	op1 >op2

类　型	运　算　符	示　例
大于或等于运算符	>=	op1 >=op2
小于运算符	<	op1 < op2
小于或等于运算符	<=	op1 <=op2
等于运算符	==	op1 ==op2
不等于运算符	!=	op1 !=op2

【例 2.4】关系运算符的使用。

```java
public class LogicalOperatorTest{
    public static void main(String[] args){
        int w = 25;
        int x = 3;
        boolean y = w < x;
        boolean z = w > =w*2-x*9;
        boolean cc ='b '>'a ';
        System.out.println("w < x= "+y);
        System.out.println("z= "+z);
        System.out.println("cc= "+cc);
    }
}
```

运行结果如下：

```
w < x = false          z = true
cc = true
```

三、逻辑运算符

逻辑运算符反映操作数的逻辑关系，针对逻辑型数据运算，且运算结果为"true"或"false"。逻辑运算符可分为逻辑非运算符、逻辑与运算符、逻辑或运算符、短路与运算符、短路或运算符、异或运算符六类。逻辑运算符如表 2.11 所示。

表 2.11　逻辑运算符

类　型	运　算　符	第一个操作数	第二个操作数	结　果
逻辑非运算符	!	true	—	false
		false	—	true
逻辑与运算符	&	true	true	true
		true	false	false
		false	true	false
		false	false	false
逻辑或运算符	||	true	true	true
		true	false	true
		false	true	true
		false	false	false

类 型	运 算 符	第一个操作数	第二个操作数	结 果
短路与（简洁与）运算符	&&	true	true	true
		true	false	false
		false	true	false
		false	false	false
短路或（简洁或）运算符	‖	true	true	true
		true	false	true
		false	true	true
		false	false	false
异或运算符	^	true	true	false
		true	false	true
		false	true	true
		false	false	false

短路与运算符和短路或运算符是 Java 中较为特别的运算符。对于短路与运算符，只有两个操作数都为 true，其表达式的值才为 true；当第一个操作数为 false 时，其表达式的值已经可以判断为假（false），所以不必计算第二个操作数；只有第一个操作数为 true，才需要计算第二个操作数。对于短路或运算符，只要一个操作数为 true，其表达式的值就为 true；当第一个操作数为 true 时，已经可以判断其表达式的值为 true，所以不必计算第二个操作数；只有第一个操作数为 false，才需要计算第二个操作数。

【例 2.5】短路与运算符的使用。

```java
public class ShortCutAndOrDemo {
    public static void main( String[] args ){
        int n= 10，m = 2;
        boolean k = false;
        if(n!= 10 && 10/0 == 9){
            System.out.println("成立"+!k);
        }
        else{
            System.out.println("不成立"+ k);
        }
    }
}
```

运行结果如下：

不成立：false

在例 2.5 中，if 语句有两个用&&（短路与运算符）连起来的表达式；第一个表达式 "n!=10" 已经不成立了，所以不必计算第二个表达式 "10/0==9"，就可以判定整个 if 语句表达式的值为 false，程序的流程将走向 else 语句块；同时，由于没有计算第二个表达式，第二个表达式的算术错误将不会出现。

四、赋值运算符

赋值运算符用于将其右侧表达式的值赋给左侧变量。在 Java 中，使用 "=" 作为赋值运算符，它不同于数学中的等号。

赋值运算符可以和许多运算符组合构成复杂的运算符。这种复杂的运算符是先进行相应的运算，然后把运算结果赋给赋值运算符左侧的变量。赋值运算符如表 2.12 所示。

表 2.12　赋值运算符

运　算　符	示　　例	等价于示例的表达式
+=	A+=B	A=A+B（两数相加）
-=	A-=B	A=A-B（两数相减）
*=	A*=B	A=A*B（两数相乘）
/=	A/=B	A=A/B（两数相除）
%=	A %= B	A=A%B（两数求余）
&=	A&=B	A=A&B（两数按位与）
|=	A|=B	A=A|B（两数按位或）
^=	A^=B	A=A^B（两数按位异或）
<<=	A<<=B	A=A<<B（A 左移 B 位）
>>=	A>>=B	A=A>>B（A 带符号右移 B 位）
>>>=	A >>>= B	A=A>>>B（A 无符号右移 B 位）

五、条件运算符

条件运算符属于三目运算符，即包含 3 个操作数，其语法格式如下：

```
result = expression1? expression2 ： expression3;
```

解释说明：

首先，表达式 expression1 的值必须为布尔型；表达式 expression2 与表达式 expression3 的值可以为任意数据类型，且数据类型可以不同。

其次，result 的值取决于 expression1 的判断结果。如果 expression1 的值为 true，则 result 的值为表达式 expression2 的值，否则为表达式 expression3 的值。

编写程序时，对于一些简单的选择结构，使用三目运算符来实现会更简捷。例如，比较两个整数的大小，并取其中较大者：

```
int x=20; int y=10;
int max = x >= y? x ： y;   //因为 x 大于 y，则将变量 x 的值赋给 max，max 等于 20
```

六、位运算符

Java 提供了可以直接对二进制数进行操作的位运算符，如表 2.13 所示。

表 2.13 位运算符

类 型		运算符	示例	说 明
按位 运算符	按位取反 运算符	~	~A	这是一个单目运算符，用来对操作数中的位取反，即 1 变成 0，0 变成 1
	按位与运算符	&	A&B	对操作数中相应的位进行与运算。如果相应的位都是 1，那么结果位就是 1，否则就是 0
	按位或运算符	|	A|B	对操作数中相应的位进行或运算。如果相应的位都是 0，那么结果位为 0，否则为 1
	按位异或 运算符	^	A^B	对操作数中相应的位进行异或运算。如果相应的位各不相同，如一个位是 1，另一个位是 0，那么结果位为 1。如果相应的位相同，那么结果位为 0
移位 运算符	左移运算符	<<	A<<a	将一个操作数的各位全部左移 a 位，移出的高位被舍弃，低位补 0 例如：6<<2 = (00000110)<<2 = (00011000) = 24
	带符号右移 运算符	>>	A>>a	将一个操作数的各位全部右移 a 位，移出低位被舍弃，符号位不变，且逐次右移（称为符号位扩展） 例如：9>>2 = ([0]0001001) >>2 = ([0]0000010) =2 　　　-9>>2 = ([1]1110111) >>2 = ([1]1111101) = -3 其中，[0]，[1]表示符号位
	无符号右移 运算符	>>>	A>>>a	与带符号右移运算符基本相同，其区别是符号位右移，最高位补 0 例如：-9>>>2= ([1]1110111) >>>2 =([0]0111101) =0x3d

在不产生溢出的情况下，左移运算相当于乘法运算，也就是左移 n 位相当于该操作数乘以 2 的 n 次方；右移运算相当于除法运算，即右移 n 位相当于该操作数除以 2 的 n 次方。通过位运算实现乘法、除法运算要比直接执行乘法、除法运算效率高。例如：

```
int a=2; int b=100;
int c=a<<3;        //相当于 2*8（2 的 3 次方），c 的值为 16
int d=b>>2;        //相当于 100/4（2 的 2 次方），d 的值为 25
```

【例 2.6】用按位异或运算符实现数据加密/解密。

加密是指以某种特殊的算法改变原有的信息，使得未授权的用户即使获得了已加密的信息，但因不知解密的方法，仍然无法了解信息的内容。此外，我们将把加密数据还原的过程称为解密。

利用按位异或运算符对字符数据的二进制位进行翻转，实现字符数据的加密和解密。启动 Eclipse，在 Chapter2 包中创建 FileEncry 类，并编写代码如下：

```
package demo;
import java.util.Scanner;
public class FileEncry {
    public static void main(String[] args) {
        //提示用户输入加密的内容
        System.out.println("请输入加密的内容: ");
        //Scanner 类表示一个文本扫描器，它可以扫描从键盘上输入的字符
        Scanner in = new Scanner(System.in);
        //nextLine( )方法返回从键盘上输入的一行字符串
        String secretStr = in.nextLine( );
        //将字符串转换为字符数组，且数组是具有相同数据类型的有序数据的集合
        char[] secretChars = secretStr.toCharArray( );
        char secret = 'X'; //字符变量用于保存加密密钥
        //加密运算：将要加密的字符与字符 X 进行按位异或运算以得到密文
        System.out.print("密文: ");
```

```
        for (int i = 0; i < secretChars.length; i++) {
            //secretChars[0], secretChars[1], ... 表示字符数组中的元素
            secretChars[i] = (char) (secretChars[i] ^ secret);
            System.out.print(secretChars[i]);                              //显示密文
        }
        //解密运算：已加密的字符再次与字符 X 按位异或以取得原文
        System.out.print("\n 明文：");
        for (int i = 0; i < secretChars.length; i++) {
            secretChars[i] = (char) (secretChars[i] ^ secret);
            System.out.print(secretChars[i]);                              //显示明文
        }
    }
}
```

运行结果如下：

```
请输入加密的内容：
  阳明山
密文：寁愿嵭
明文：阳明山
```

七、运算符的优先级与结合方向

运算符的优先级决定了表达式中运算符执行的先后顺序，而通过改变运算符的结合方向和使用括号可以改变表达式运算的顺序。例如，对于表达式 a=b+c-d，由于"+"的优先级高于"="，故先计算右侧表达式。此外，由于"+"的结合方向为从左向右，故先执行 b+c，再减 d，最后将其结果赋予 a。运算符的优先级与结合方向如表 2.14 所示。

表 2.14 运算符的优先级与结合方向

优 先 级	运 算 符	结合方向
1	(), [] (下标运算符，引用数组元素), . (分量运算符，用于引用对象属性和方法)	从左向右
2	!, + (正号运算符), - (负号运算符), ~, ++, --	从右向左
3	, /, %	从左向右
4	+ (加法运算符), - (减法运算符)	从左向右
5	<<, >>, >>>	从左向右
6	<, <=, >, >=, instanceof	从左向右
7	==, !=	从左向右
8	&	从左向右
9	^	从左向右
10	|	从左向右
11	&&	从左向右
12	||	从左向右
13	?:	从右向左
14	=, +=, -=, *=, %=, &=, |=, ^=, ~=, <<=, >>=, >>>=	从右向左

解释说明：

（1）表 2.14 中运算符的优先级按照从高到低的顺序排列。

（2）注意区分正、负号和加、减号，以及"按位与""按位或"运算符和"逻辑与""逻辑或"运算符的区别。

一般来说，编写程序时不需要去记忆运算符的优先级。对于不清楚优先级的地方，最好使用小括号进行划分。例如：

```
int m = 12;
int n = m<<1+2;        //加法运算符优先级高于左移运算符，所以先进行加法运算，再将其结果左移
int p = m<<(1+2);      //使用小括号更直观，便于程序的理解和维护
```

任务五　流程控制语句

一、顺序语句

所谓顺序语句就是自上而下且中间不做任何跳转执行的语句。

二、选择语句

选择语句可以分为以下几种。

1．if 语句

if 语句是一个条件表达式，若条件表达式为 true，则执行下面的语句块，否则跳过该语句块。if 语句的执行流程如图 2-3 所示。

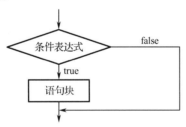

图 2-3　if 语句的执行流程

if 语句的语法格式如下：

```
if(条件表达式)
    单行语句;
if(条件表达式){
    多行语句;
}
```

【例 2.7】if 语句的使用。

```
public class IfTest {
    public static void main( String[] args ){
        int money = 1000000;
        if(money>= 1000000)
            System.out.println("存款有一百万了");

    }
}
```

运行结果如下：

存款有一百万了

2．if…else 语句

if…else 语句根据判定条件的真假执行不同的操作，其语法格式如下：

```
if( 条件表达式 ){
    语句块 1;
} else {
    语句 2;
}
```

if…else 语句的执行流程如图 2-4 所示。

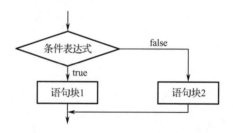

图 2-4　if…else 语句的执行流程

【例 2.8】if…else 语句的使用。

```java
public class IfElseTest {
    public static void main( String[] args ) {
        int score = 60;
        if( score >= 60)
            System.out.println("你及格了！ " );
        else
            System.out.println("你没及格！ " );
    }
}
```

运行结果如下：

你及格了!

3．嵌套 if 语句

if 语句块中还可以再嵌套 if 语句块，其中若没有配对的大括号，则 else 与最近的没有 else 匹配的 if 语句配对。

```
    if(a>c)
        if(c>b)
            System.out.print(c);
    else
    System.out.print(a);
```

```
    if(a>c){
        if(c>b){
            System.out.print(c);
        }else{
            System.out.print(a);
        }
    }
```

上面左边代码的写法让人误以为 else 是和第一个 if 匹配，因此最好改成右边代码的写法，以说明 else 是与第二个 if 匹配。如果想让 else 和第一个 if 匹配，则应该改写代码如下：

```
if ( a > c ){
    if ( c > b ){
        System.out.print ( c );
    }
}
else{
    System.out.print( a );
}
```

注意：在编写嵌套 if 语句时，一定要明确地写上配对的大括号。

4．条件运算语句

条件运算语句中的条件运算符(?　:　)是唯一的三元运算符。条件运算语句的语法格式如下：

表达式 1? 表达式 2 : 表达式 3

表达式 1 是一个布尔表达式。如果表达式 1 的值为 true，则整个表达式的值为表达式 2 的值，否则整个表达式的值为表达式 3 的值。条件运算语句等价于一条 if…else 语句：

```
if(表达式 1)
    表达式 2;
else
    表达式 3;
```

【例 2.9】条件运算语句的使用。

```
public class TemaryTest {
    public static void main( String[] args ){
        int x = 12 ;
        int y = 28 ;
        int z = 18 ;
        int n = x > y ?x : y ;
        int m = n > z ?n : z ;
        System.out.println("最大数是：  "+ m  );
    }
}
```

运行结果如下：

最大数是：28

5．switch…case 语句（多分支语句）

switch…case 语句是根据 switch 语句表达式的值执行多个 case 语句块中的一个，若与任意一个 case 语句块的值不匹配，则进入 default 语句。其语法格式如下：

```
switch(表达式){
    case 值 1：语句块 1;  [break];
    case 值 2：语句块 2;  [break];
        …
    [default：默认语句 ;]
}
```

注意：

（1）switch 语句表达式的值必须是 byte，char，short，int 类型。

（2）表达式的值依次与每个 case 语句块的值比较。

（3）break 语句用于跳出 switch 语句。

（4）default 语句是可选的。

switch…case 语句的执行流程如图 2-5 所示。

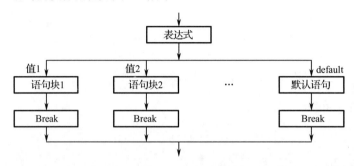

图 2-5　switch…case 语句的执行流程

【例 2.10】switch…case 语句的使用。

```java
public class SwitchTest1 {
    public static void main(String[] args) {
        System.out.println("中国足球能否进入世界杯？\n");
        System.out.println("是(y) 否(n) 不一定(p)");
        char c = 'y';
        switch (c) {
            case 'y':
                System.out.println("Cool");
                break;
            case 'n':
                System.out.println("Bad");
                break;
            case 'p':
                System.out.println("Sorry");
                break;
            default:
                System.out.println("Input Error");
                break;
        }
    }
}
```

运行结果如下：

```
中国足球能否进入世界杯？
是(y)否(n)不一定(p) Cool
```

三、循环语句

循环语句用于反复执行同一个语句块直到满足结束条件。它由四个部分构成：初始化部分、循环体、迭代因子（计数器的递增或递减）和控制表达。循环语句可以分为 while 循环语句、do…while 循环语句、for 循环语句。

1．while 循环语句

while 循环语句的执行流程：先判断布尔表达式的值，如果为 true，则执行循环体，否则退出循环。while 循环语句的执行流程如图 2-6 所示。

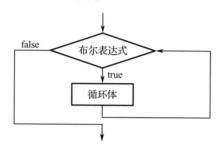

图 2-6 while 循环语句的执行流程

while 循环语句的语法格式如下：

```
while(布尔表达式) {
    循环体;
}
```

【例 2.11】while 循环语句的使用。

```java
public class WhileTest {
    public static void main(String[] args) {
        int i = 0, sum = 0;
        while (i <= 100) {
            sum += i;
            i++;
        }
        System.out.println("sum = " + sum);
    }
}
```

运行结果如下：

```
sum = 5050
```

2．do…while 循环语句

do…while 循环语句的语法格式如下：

```
do {
    循环体;
} while(布尔表达式);
```

do…while 循环语句的执行流程：首先执行循环体，然后判断布尔表达式的值是否为 true。只有布尔表达式的值为 false，才能结束循环体的执行。循环体至少执行一次。do…while 循环语句的执行流程如图 2-7 所示。

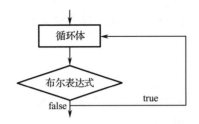

图 2-7　do…while 循环语句的执行流程

【例 2.12】do…while 循环语句的使用。

```java
public class DoWhileTest {
    public static void main(String[] args) {
        int i = 0, sum = 0;
        do {
            sum += i;
            i++;
        } while (i <= 100);
        System.out.println("sum = " + sum);
    }
}
```

运行结果如下：

```
sum = 5050
```

3. for 循环语句

for 循环语句是最有效、最灵活的循环语句。其语法格式如下：

```
for ( 初始化部分; 条件判断部分; 迭代因子) {
    循环体;
}
```

for 循环语句的执行流程：

（1）执行初始化部分，设置循环变量的初始值，仅执行一次。

（2）执行条件判断部分，如果条件为 true，执行循环体。

（3）执行迭代因子，更新循环变量，返回条件判断部分。

（4）重复（2）～（3）的过程，直到条件为 false，结束循环体的执行。

for 循环语句的执行流程如图 2-8 所示。

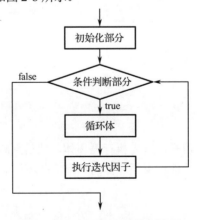

图 2-8　for 循环语句的执行流程

【例 2.13】for 循环语句的使用。

```java
public class ForTest {
    public static void main(String[] args) {
        int sum = 0;
        for (int i = 1; i <= 100; i++) {
            sum += i;
        }
        System.out.println("sum = " + sum);
    }
}
```

运行结果如下：

```
sum = 5050
```

可见，for 循环语句运行结果和 while、do…while 循环语句是一样的。

for 循环语句的使用要注意以下几点。

（1）初始化部分和迭代因子包含的多个语句要以“，”分开。例如：

```java
for(int i=0, j=10; i<j; i++, j-){
    //循环体
}
```

（2）初始化部分、条件判断部分和迭代因子可以省略，但必须保留“；”，表示无限循环。例如：

```java
for( ; ; )  {
    //循环体
}
```

（3）在实际应用中，应在循环体内添加条件判断和控制语句（如 break 语句、return 语句）来终止循环，以避免程序陷入死循环，从而导致系统资源耗尽。

4．嵌套循环语句

嵌套循环语句是指在一个循环体内包含另一个完整的循环结构，可以有多重嵌套；while 循环语句、do…while 循环语句、for 循环语句可以相互嵌套（见例 2.14）。

【例 2.14】循环嵌套语句的使用——打印九九乘法表。

```java
public class NestedForTest {
    public static void main( String[] args ){
        for(int i = 1; i <= 9; i++){
            for(int j = 1; j<=i; j++) {
                //打印完一个表达式之后不换行，并隔开一个制表符位置
                System.out.print (i +"*"+ j +"= "+ i * j +"\t" );
            }
            System.out.println( ); //换行
        }
    }
}
```

运行结果如下：

```
1*1=1
2*1=2    2*2=4
3*1=3    3*2=6    3*3=9
4*1=4    4*2=8    4*3=12   4*4=16
5*1=5    5*2=10   5*3=15   5*4=20   5*5=25
6*1=6    6*2=12   6*3=18   6*4=24   6*5=30   6*6=36
7*1=7    7*2=14   7*3=21   7*4=28   7*5=35   7*6=42   7*7=49
8*1=8    8*2=16   8*3=24   8*4=32   8*5=40   8*6=48   8*7=56   8*8=64
9*1=9    9*2=18   9*3=27   9*4=36   9*5=45   9*6=54   9*7=63   9*8=72   9*9=81
```

【例 2.15】 游戏中生命力购买问题。

在一场名为 Game 的游戏中，作为玩家的你手头拥有若干个金币。为增加生命力，你需要购买仙女草和银河梭两件宝物。其中，每件仙女草售价是 20 个金币，可增加玩家 30 个单位的生命力；每件银河梭售价是 16 个金币，能够增加玩家 20 个单位的生命力。

通过编程输出一种最佳购买方案，使得用你的金币购买的宝物能够最大限度地增加你的生命力（不一定要用完所有金币），并输出最佳购买方案中每件宝物的购买数量。

```java
import java.util.Scanner;
public class GameLifeForcePurchase {
    public static void main(String[] args) {
        Scanner scanner = new Scanner(System.in);
        System.out.print("请输入金币的数量为：");
        int totalCoins = scanner.nextInt( );
        int maxLifeForce = 0;                              //最大生命力增益
        int bestFairyGrass = 0;                            //最佳购买的仙女草数量
        int bestGalaxyShuttle = 0;                         //最佳购买的银河梭数量

        //遍历可能的仙女草购买数量
        for (int fairyGrass = 0; fairyGrass <= totalCoins / 20; fairyGrass++) {
            int remainingCoins = totalCoins - 20 * fairyGrass;   //购买仙女草后剩余的金币
            int galaxyShuttle = remainingCoins / 16;             //能购买的银河梭数量
            int lifeForce = 30 * fairyGrass + 20 * galaxyShuttle; //总生命力增益

            //更新最大生命力增益和对应的购买方案
            if (lifeForce > maxLifeForce) {
                maxLifeForce = lifeForce;
                bestFairyGrass = fairyGrass;
                bestGalaxyShuttle = galaxyShuttle;
            }
        }
        System.out.println("购买的宝物最多能增加你 " + maxLifeForce + " 个生命力！");
        System.out.println("购买仙女草的数量为 " + bestFairyGrass);
        System.out.println("购买银河梭的数量为 " + bestGalaxyShuttle);
    }
}
```

运行结果如下：

```
请输入金币的数量为：1000
购秀的宝物最多能增加你 1500 个生命力！
购买仙女草的数量为 50
购买银河梭的数量为 0
```

四、跳转语句

跳转语句是指可以将程序的执行跳转到其他部分的语句，包括 break 语句、continue 语句、return 语句。其中，break 语句用于终止循环；continue 语句用于结束本次循环继续下一次循环；return 用于从被调方法返回到主调方法。

1．break 语句

break 语句用以结束当前执行的循环语句（for 语句、do…while 语句、while 语句）或 switch 语句。它有以下两种使用形式。

（1）不带标号的 break 语句：从本层循环中跳出。

（2）带标号的 break 语句：从整个程序块中跳出。

【例 2.15】不带标号的 break 语句的使用。

```java
public class BreakTest1 {
    public static void main( String[] args ){
        for(int j = 1; j<6; j++){
            if(j==3)
                break;
            System.out.print("j="+ j);
        }
        System.out.println("stop" );
    }
}
```

运行结果如下：

```
j=1 j=2 stop
```

【例 2.16】带标号的 break 语句的使用。

```java
public class BreakTest2 {
    public static void main( String args[] ){
        int j, k;
        Rep :   //标号，用于在 break 语句中指定跳出哪一层循环。
        for(j = 8; j > 1; j--){
            for(k = 1; k <= 9; k++){
                if ( k == 5)
                    break;
                if ( j == 6)
                    break Rep;
                System.out.print( j * k + " " ) ;
            }
            System.out.println("<>");
        }
    }
}
```

运行结果如下：

```
8 16 24 32 <>
7 14 21 28 <>
```

2．continue 语句

continue 语句用以结束循环语句（for 语句、do…while 语句、while 语句）的本次循环。它有以下两种使用形式。

（1）不带标号的 continue 语句：结束本次循环，即跳过 continue 语句后的语句，返回至本层循环的条件测试部分。

（2）带标号的 continue 语句：跳至标号所指语句块的条件测试部分继续执行。

【例 2.17】不带标号的 continue 语句的使用。

```java
class ContinueTest1 {
    public static void main( String[] args ){
        for(int k = 6; k >= 0; k -= 2){
            if(k==4)
                continue;
            System.out.print("k=" + k +"\t" );
        }
    }
}
```

运行结果如下：

```
k=6 k=2 k=0
```

【例 2.18】带标号的 continue 语句的使用。

```java
public class ContinueTest2 {
    public static void main(String[] args) {
        iLoop:
        for (int i = 1; i <= 5; i++) {
            for (int j = 1; j <= 5; j++) {
                if (j == 3) {
                    continue;                  //跳过当前内层循环，继续下一次循环
                }
                if (i == 2) {
                    continue iLoop;            //继续外层循环的下一次迭代
                }
                int p = i * j;
                if (p >= 10) {
                    System.out.print(p + "\t");
                } else {
                    System.out.print(p + "V\t");
                }
            }
            System.out.println( );
        }
    }
}
```

运行结果如下：

```
1V    2V    4V    5V
3V    6V    12    15
4V    8V    16    20
5V    10    20    25
```

任务六　程序注释

程序注释用来对程序中的代码进行说明。程序注释的内容在程序运行时会被编译器忽略，因而不参与程序的运行。

Java 有 3 种程序注释方式，分别为单行注释、多行注释和文档注释，其特点如下。

（1）单行注释以双斜杠 "//" 开始，终止于本行结束。单行注释多用于对一行代码的简短说明。

（2）多行注释以 "/*" 开始，以 "*/" 结束，在此之间的所有字符都是多行注释的内容。多行注释通常用于对文件、方法、数据结构等的说明，或者算法的描述。多行注释一般位于方法的前面，起引导作用，也可以根据需要放在其他合适的位置。

（3）文档注释以 "/**" 开始，以 "**/" 结束，在此之间的所有字符都是文档注释的内容。文档注释主要是为了支持 Java 开发包工具 java.doc。通过 java.doc，文档注释将会生成 HTML 格式的代码报告。因此，文档注释应当书写在类、构造方法、成员方法、常量或变量的定义之前。

项目小结

本项目首先介绍了 Java 的标识符与分隔符、数据类型、变量和常量等基础知识，之后介绍了 Java 的运算符，最后通过多个实例重点讲述了程序流程控制方面的知识，并对 Java 的几种程序注释方式做了简要说明。

思考与练习

一、选择题

1．下面（　　）是合法的标识符。
　　A．class　　　　　　B．〈weight〉　　　　C．_name　　　　　D．3color
2．下面（　　）是 Java 的关键字。
　　A．radius　　　　　B．x　　　　　　　　C．y　　　　　　　D．int
3．若 a=13,b=5，表达式 a++%b 的值是（　　）。
　　A．0　　　　　　　　B．1　　　　　　　　C．3　　　　　　　D．4
4．下列说法不正确的是（　　）。
　　A．一个表达式可以作为其他表达式的操作数
　　B．单个常量或变量也是表达式
　　C．表达式中各操作数的数据类型必须相同
　　D．表达式的数据类型可以和操作数的数据类型不一样
5．执行下列 switch 语句后，y 的值是（　　）。

```
intx=3;inty=3;
switch(x+3){
```

```
case6 :   y=1;
default :   y+=1; }
```

    A. 1   B. 2   C. 3   D. 4

6. 下列程序输出的结果为（   ）。

```
Public classA{
Public static void main(String[]args){
int a=3,b=4,c=5,d=6;
if(a<b||c>d)
System.out.println("who" ); else
System.out.println("why" );
```

    A. why   B. who why   C. who   D. 无结果

7. 下列说法正确的是（   ）。

```
int a = 10;int t = 0 ;
do{t=a++;} while(t<=5);
```

    A. 一次都不执行   B. 执行一次   C. 执行两次   D. 无限次执行

二、简答题

1. Java 有哪些基本的数据类型？

2. 什么是变量？什么是常量？

3. 在什么情况下需要用到强制类型转换？

4. break 语句与 continue 语句的区别是什么？

三、上机题

1. 编写一个程序，确定输入的三角形三条边的边长是否有效（如果任意两条边的边长的和大于第三条边的边长，则输入三角形三条边的边长有效）。例如，输入的三条边的边长分别是 1、2 和 1，输出应该是：边长为 1、2、1 的三条边不能组成三角形。

2. 一个花店卖鲜花，晴天时每天可卖出 20 朵花，雨天时每天可卖出 12 朵花。有一段时间连续几天共卖出了 112 朵花，平均每天卖出 14 朵。请编写一个程序来推算在这段时间内晴天数和雨天数。

3. 假如今年某大学的学费为 400 元，学费的增长率为 5%。使用循环语句编写一个程序，分别计算 10 年后的学费，以及从现在开始 4 年内的总学费。

项目三

Java 面向对象程序设计

任务一　面向对象程序设计的基本概念

我们将传统的程序设计方法称为面向过程的程序设计或结构化程序设计。在使用传统的程序设计方法编写程序时，大量的时间花在了程序结构设计和算法设计等细节问题上。因此，使用这种方法开发的程序重用性差且难于维护。在这种情况下，面向对象的编程思想诞生了。

所谓面向对象程序设计（Object Oriented Programming，OOP）的核心是对象。在这种编程思想中，我们编写程序时的主要精力放在如何利用系统提供的各种对象，以及在这些对象之间建立联系来完成编程目标。对于对象来说，我们只关心它的功能与对外接口，至于其内部的实现原理与方法，则不再予以考虑。

这种编程思想模拟了人们平常的思维方式。当人类需要解决一个问题时，首先会将该问题层层分解，转化为一个个的小问题，然后将这些小问题落实到人（对象），并在各人之间建立合理的衔接程序与方法（对象之间的联系）。

一、对象

现实世界中，对象就是客观存在的某个事物。一只小鸟、一辆自行车都可以被视为对象。对象普遍具有两个特征：状态（属性）和行为。例如，小鸟有名称、体重、颜色等状态，飞行、觅食等行为；同样，自行车有品牌、外观、重量等状态，刹车、加速、减速等行为。

在面向对象程序设计中，对象是一组数据和相关方法的集合。在程序中，可通过变量向对象传递或获取数据，并通过调用其中的方法执行某些操作。在 Java 中，对象必须基于类来创建。

二、类

类是用来描述一组具有共同状态和行为的对象的原型，是对这组对象的概括、归纳与抽象表达。例如，上述的小鸟就是类，而小明养的一只小鸟则是具体的对象。

在面向对象程序设计中，通过抽象具有共同特征的事物定义类；类定义了对象共有的属性和方法；通过类可以创建具有特定状态和行为的实例，即对象。

从某种程度上讲，Java 编程就是设计类。在 Java 编程中，可以通过自定义类或继承已有类设计新的类，还可利用类创建对象，然后通过改变对象变量值和调用对象方法实现程序的某些功能。

三、封装

封装是将代码及其处理的数据绑定在一起的一种编程机制。该机制保证了程序和数据都不受外部干扰且不被误用。理解封装的一个方法就是把它想成一个黑匣子；这个黑匣子可以阻止在外部定义的代码随意访问其内部代码和数据；对黑匣子内代码和数据的访问通过一个适当定义的接口被严格控制。

例如，计算机主机里有电路板、硬盘等电子部件，而从外面只能看到它的外壳；当人们在使用计算机时，只需了解它外壳上的按钮都有哪些功能，而不需要知道主机是怎么实现这些功能的；这些按钮就是主机连接外界的接口。

封装的目的在于使对象的设计者和使用者分开，即使用者不必知道对象行为实现的细节，只需使用设计者提供的接口访问对象就行。

封装是面向对象程序设计者追求的理想境界。封装可以带来两个好处：模块化和数据隐藏。模块化意味着对象代码的编写和维护可以独立进行，不会影响其他模块，而且具有很好的重用性；数据隐藏则使对象有能力保护自己，即对象可以自行维护自身的数据和方法。因此，封装提高了程序的安全性和可维护性。

四、继承

继承是面向对象程序设计中两个类之间的一种关系，是一个类可以继承另一个类（它的父类）的状态和行为。被继承的类称为父类或超类，而继承父类的类称为子类或派生类。父类对应子类，超类对应派生类。

例如，山地车、双人自行车都属于自行车，那么在面向对象程序设计中，山地车与双人自行车都是自行车的子类，而自行车是山地车与双人自行车的父类。

一个父类可以同时拥有多个子类。这时，这个父类实际上是所有子类的公共变量和方法的集合，而每个子类继承了父类这些变量和方法。例如，山地车、双人自行车共享了自行车的状态，如双轮、脚踏、速度等；同样，每个子类共享了自行车的行为，如刹车、改变速度等。

然而，子类也可以不受父类提供的状态和行为的限制。子类除具有从父类继承而来的变量和方法外，还可以增加自己的变量和方法。例如，双人自行车增加了一个座位（变量）后有两个座位，对父类进行了扩充。

子类也可以改变从父类继承来的方法，即可以覆盖继承的方法。例如，杂技人员使用的自行车不仅可以前进，还可以后退，这就改变了普通自行车（父类）的行为。

继承使父类的代码得到重用。在继承父类提供的共同特性的基础上增加新的代码，可以使编程不必从头开始，进而有效提高了编程效率。

五、多态

多态可以理解为"一个对外接口，多个内在实现方法"。父类引用指向子类对象，且在调用方法时根据实际对象的类型执行对应的方法，这种机制称为多态。

在一个类层次结构中，子类可以重载父类的方法，称为方法重载。当我们使用父类的引用调用方法时，实际执行的是子类重载后的方法。因此，多态允许我们编写通用的代码，操作父类对象，而在运行时决定调用具体哪个子类的方法。方法重载是指在同一个类中，方法名相同但参数列表不同，这是编译时的多态性，不属于通常所说的多态概念。

任务二　类的使用方法

一、类声明

类是 Java 中的一种重要的复合数据类型。创建一个新的类，就是创建一个新的数据类型。类声明的语法格式如下：

```
[public][abstract][final] class 类名 [extends 父类名 ][implements 接口名 1,接口名 2,…]{
    成员变量声明；
    成员方法声明；
}
```

对类的定义来说，主要包括类的访问权限修饰符和非访问修饰符的使用。对于一个普通的 Java 类来说，访问权限修饰符主要包括 public 和默认权限，内部类可以有 private 权限；非访问修饰符主要包括 abstract 和 final。

说明：

（1）class 是关键字，表明其后声明的是一个类。

（2）class 前的修饰符可以有多个，用来限定类的使用方式。其中，public 表明此类为公开类；abstract 指明此类为抽象类；final 指明此类不能被继承。

（3）类名是用户为该类所起的名字，应该是一个合法标识符，并尽量遵从标识符的命名规则和约定。

（4）extends 是关键字，其后为所声明的类的父类名，即如果所声明的类是从某一个父类派生而来，那么父类名应该写在 extends 的后面。例如，若 Cat 类是 Animal 类的子类，就写为 class Cat extends Animal。

（5）implements 是关键字。如果所声明的类要实现某些接口，那么接口名应写在 implements 的后面。

类声明体中有两部分：一部分是成员变量声明，可以有多个；另一部分是成员方法声明，也可以有多个。

例 3.1 是一个类声明，类名为 Cat，成员变量（属性）为 name 和 age，成员方法为 show( )。

【例 3.1】类声明。

```
public class Cat {
    String    name;         //成员变量(属性)
    int       age;          //成员变量(属性)
    public    show( ) {}    //代码为空的成员方法——show( )
}
```

二、成员变量与静态变量

类的属性分为成员变量（又称实例变量）和静态变量（又称类变量）。它们的区别主要在于在类中的归属和作用范围的不同。成员变量属于特定对象。每当创建一个对象时，成员变量就会被创建，并且每个对象都有自己的成员变量。只能通过对象访问成员变量，而不能通过类名直接访问成员变量。

1. 成员变量

1）定义

成员变量是属于对象的变量。每个对象都有自己的成员变量。

2）作用范围

成员变量的作用范围是特定的对象。只有通过对象才能访问成员变量。

3）存储位置

成员变量存储在堆内存中。每个对象独立拥有这些变量。

4）生命周期

成员变量的生命周期与对象的生命周期一致。当对象被创建时，成员变量被初始化；当对象被删除时，成员变量被回收。

2. 静态变量

1）定义

静态变量属于类本身，不属某个对象，其前加 static。所有对象共享同一个静态变量。

2）作用范围

静态变量的作用范围是整个类。可以通过类名直接访问静态变量，也可以通过对象访问静态变量，但通常通过类名直接访问静态变量。

3）存储位置

静态变量存储在方法的静态存储区中，与类一起加载。

4）生命周期

静态变量的生命周期与类的生命周期一致。

【例 3.2】成员变量与静态变量。

```
public class Cat {
    String name;                        //成员变量
    int        age;                     //成员变量
    public static int Count = 1;        //静态变量，所有 Cat 类对象均可用这个变量
    public void showCat ( ) {           //成员方法，每个对象独有一份成员方法
        System.out.println("猫的名字是" + this.name+ ",共 " + Cat.Count+"只。");  //输出
    }
    public static void main(String[] args) {  //主方法，程序从这里开始执行，每个程序仅有一个主方法
        Cat    c1 = new Cat ( );        //创建一个 Cat 类的实例化对象 c1
        c1.name = "小咪";               //设置 c1 的成员属性 name 为"小咪"
        c1.showCat ( );                 //调用 Cat 类对象 c1 的 showCat( )方法
    }
}
```

其中，showCat( )是成员方法；每个对象执行各自的成员方法，因此 this.name 表示当前对象的成员变量 name，值在 main( )方法中被赋值为"小咪"；Cat.Count 表示 Cat 类的 Count 静态变量。

成员变量的定义通常由访问控制符、修饰符、数据类型和变量名构成。成员变量定义的语法格式如下：

```
access modify type name;   //例如：private static int age;
```

access：访问控制符，可以是"private""default""protected""public"中的一个，用于控制成员变量的可见性。

modify：修饰符，可以是 static（静态变量）或 final（常量），也可以一起使用这两个修饰符。static 属于类本身；final 表示变量的值不能改变（常量）。

type：成员变量的数据类型，可以是任何合法有效的数据类型，如基本数据类型（int、boolean、String 等）。

name：成员变量名，必须是合法的标识符，用来标识变量。

成员变量的可见性由访问控制符决定（如表 3.1 所示）。

public 和 protected：成员变量可以被子类直接访问。protected 成员变量还可被同一个包内的类访问。

private：子类不能直接访问私有成员变量。通常，通过父类提供的 getter( )和 setter( )方法间接访问成员变量。

default（包级私有）：成员变量只能被同一个包内的类访问。

表 3.1　成员变量的可见性

访问控制符	同一个类中成员变量的可见性	同一个包中成员变量的可见性	同一个子类中成员变量的可见性	其他范围成员变量的可见性
private	是	否	否	否
default	是	是	否	否
protected	是	是	是	否
public	是	是	是	是

注："是"代表成员变量可见；"否"代表成员变量不可见。

在 Java 中，常把成员变量声明和初始化（赋值）放一起，例如：

```
private int age = 3;
```

这行代码不仅声明一个私有整型变量 age，而且将其赋值为 3。

成员变量主要分为基本数据类型和对象引用类型。下面是各种变量声明的例子。

```
int a=3 ，b=5;                    //定义整型变量
String str ="hello Java ";        //定义字符串型变量
Computer com = new Compute( ); //定义 Computer 类对象
int[] array = new int[5] ;        //定义整型数组型变量
```

三、成员方法的声明与实现

类的成员方法是定义类的行为和一个对象能做的事情。一旦在类中声明了成员方法，它就成了类的一部分。成员方法分为实例方法和静态方法。在调用静态方法时，可以使用"< 类名 >.< 方法名 >"的方式，也可以使用"< 对象名 >.< 方法名 >"的方式。在调用实例方法时，只可以使用"< 对象名 >.< 方法名 >"的方式。静态方法与类本身关联，不能访问实例变量和实例方法。实例方法与具体对象关联，可以访问该对象的实例变量和实例方法，同时也可以访问静态变量和静态方法。类的成员方法声明的语法格式如下：

```
[访问控制符] [static] [final] [abstract]   返回方法名 ([参数列表]){
                  //方法体

}
```

1．实例方法

实例方法表示特定对象的行为，在声明时前面不加 static 修饰符，在使用时需要首先实例化类。下面介绍几种常用的实例方法。

1）get( )方法和 set( )方法

类中的变量若定义成私有变量，也就是 private 类型，则不允许其他对象对其进行直接访问，这是封装的体现。封装的私有属性不允许被其他类直接访问，但可以通过 public 的 get( )和 set( )方法访问和修改私有属性的值。其中，get( )方法用于获取私有属性的值；set( )方法用于设置私有属性的值。对于被声明为 final 的私有变量，由于其值不可修改，因此通常不通过 set( )方法设置其值，但仍可以通过 get( )方法获取其值。

2）toString( )方法

toString( )方法是 Object 类的方法，用于返回对象的字符串。所有类都从 Object 类继承。如果该方法未被覆盖，则默认返回类名和对象的哈希码。System.out.println(obj)会自动调用该对象的 toString( )方法。String 类和 StringBuffer 类重写了 toString( )方法，返回对象的具体内容。

2．静态方法

静态方法表示类的共有行为，声明时使用 static 修饰符。静态方法不能是抽象的，因为它是与类关联的，而抽象方法必须由具体实例实现。可以直接使用类名调用静态方法，也可以使用对象调用静态方法，但通常推荐直接使用类名调用静态方法。

【例 3.3】直接使用类名调用静态方法和使用对象调用静态方法。

```java
public class CalculateCircle {
    static class CircleStaticMethod {
        private static final double PI = 3.1415;
        private int radius;
        public void setRadius(int radius) {
            this.radius = radius;
        }
        public int getRadius( ) {
            return radius;
        }
        public static double getArea(int radius) {
            return PI * radius * radius;
        }
        public static double getCircumference(int radius) {
            return 2 * PI * radius;
        }
    }
    public static void main(String[] args) {
        //不创建对象，直接使用类名调用静态方法
        System.out.println("area：" + CircleStaticMethod.getArea(4));
        System.out.println("circumference：" + CircleStaticMethod.getCircumference(4));
        //创建对象，使用对象调用静态方法
        CircleStaticMethod csm = new CircleStaticMethod( );
        System.out.println("area：" + csm.getArea(4));
        System.out.println("circumference：" + csm.getCircumference(4));
    }
}
```

运行结果如下：

```
area ： 50.264
circumference ： 25.132
area ： 50.264
circumference ： 25.132
```

在例 3.3 中，两种调用静态方法都是被允许的，且程序的运行结果也是一样的。静态方法不能操作对象，所以不能在静态方法中访问实例变量。但是，静态方法可以访问自身类中的静态变量。

从例 3.3 中可以看出，静态方法只能直接访问静态变量和静态方法，不能访问实例变量和实例方法。这是因为静态方法属于类，而不是对象。当没有对象存在时，实例变量是无法被访问的。同样，静态方法不能调用实例方法，因为实例方法依赖于对象的存在，而静态方法属于类本身，独立于任何对象。当没有对象存在时，静态方法无法访问实例方法或成员。基于同样的道理，静态方法中不能使用 this 和 super 关键字。this 关键字代表当前对象的引用，而 super 关键字用于引用父类的成员。这两个关键字都与实例对象相关。由于静态方法不属于任何实例对象，因此这两个关键字在静态方法中无法使用。

main( )方法是经常会用到的静态方法，是 Java 程序的入口，声明为 public static void main(String[]args)。由于程序启动时没有任何对象被创建，所以 main( )方法必须是静态方法，以便类加载后可以被直接调用。因为在载入时没有任何类的实例存在，实例方法是不可能被直接调用的，所以 main( )方法必须是类的方法而不属于任何实例。

虽然 Java 没有全局变量和全局方法的概念，但静态变量和静态方法在某种程度上起到了类似的作用。静态变量在类的范围内充当了"全局变量"的角色，类的所有对象共享同一个静态变量。静态方法也可以通过类名被直接调用，类似于全局方法。尽管静态方法和静态变量不是面向对象编程的核心思想，但它们在实际开发中非常实用，可以简化代码并提高编程效率。

Java 应用程序接口的 Math 类用来实现数字的基本操作，几乎其所有变量和方法都是静态的，如指数、对数、平方根和三角函数，而 System 类的大部分方法也是静态的。静态变量和静态方法可以使程序通用性强、重用性高，而且关键的是程序改动的可能性小，从而可以节省初始化所消耗的资源。因此，在 Java 程序中，一些比较常用的而且不会随它的实例变化的变量和方法可以设置为静态的。

四、构造方法

在 Java 中，构造方法用于在对象创建时对实例变量进行初始化。构造方法是对象中第一个被调用的方法，用于确保对象的属性处于有效状态。构造方法由系统自动调用，并不能通过普通方法调用。构造方法的名字必须与类名完全相同，不能有返回类型（即使是 void 也不行），也不能使用 static、final、abstract 或 synchronized 等修饰符。通常情况下，构造方法被声明为 public，以便类的对象可以在外部创建。如果一个类没有构造方法，系统会自动提供一个无参构造方法。

【例 3.4】无参构造方法。

```
public class Person {
    String name;
    int age;
    public Person( ) {                    //无参构造方法
        this.name = "Unknown";
```

```
        this.age = 0;
    }
}
```

构造方法支持重载，意味着一个类可以有多个构造方法，只要它们参数列表不同即可。如果多个构造方法包含相同的初始化逻辑，这些逻辑可以放在实例初始化块中。实例初始化块总在构造方法执行之前被调用。如果需要在类加载时进行实例变量初始化，则可以使用静态代码块。静态代码块在类加载时执行，并且只执行一次。

构造方法通过 new 关键字调用。如果一个构造方法需要调用同类中的其他构造方法，可以使用 this( )方法。super( )方法用于调用父类的构造方法，且必须位于构造方法的第一行。构造方法的参数列表可以为空，也可以有参数。根据参数的有无，可以将构造方法分为无参构造方法和带参构造方法。同一个类可以有多个构造方法，每个构造方法的参数列表不同。根据使用 new 在参数列表中指定的不同参数，可以调用相应的构造方法。

【例 3.5】带参构造方法定义与调用。

```
public class Person {
    String name;
    int age;
    public Person(String name) {                //带 1 个参数的构造方法
        this(name, 0);                          //调用另一个带 2 个参数的构造方法
    }
    public Person(String name, int age) {       //带 2 个参数的构造方法
        this.name = name;
        this.age = age;
    }
    public void display( ) {
        System.out.println("Name: " + name + ", Age: " + age);
    }
    public static void main(String[] args) {
        Person p1 = new Person("Alice");        //实例化 p1，同时调用带 1 个参数的构造方法
        p1.display( );                          //调用 p1 的 display( )方法
    }
}
```

运行结果如下：

```
Name: Alice，Age: 0
```

总结：构造方法用于在对象创建时对实例变量进行初始化。用户定义的类可以拥有多个构造方法，但要求参数列表不同。如果用户定义的类未提供任何构造方法，系统会自动为其提供一个无参构造方法。重载的构造方法可以通过 this( )和 super( )方法调用其他构造方法。

任务三　对象的创建与使用方法

一、对象的创建

类是用来创建对象的模板。对象（也称为实例）是程序的独立元素，包含相关的特性和数据。要创建对象，可以使用 new 运算符和要创建对象所属类的名称，并加上小括号。例如：

```
Person p1 = new Person("李丽");
```

其中，小括号非常重要，不能省略。小括号中可以为空，此时创建的将是最简单、最基本的对象；小括号中也可以包含若干个参数，而这些参数决定了对象的实例变量的初始值和其他初始量。

小括号中包含的参数个数和类型由类本身决定，这是通过构造方法定义的。如果使用类创建对象时提供参数的个数或类型不正确（或没有提供需要的参数），则在程序编译时将会出现错误。

【例 3.6】使用不同个数和类型的参数创建不同类型的对象，并使用 StringTokenizer 类，且该类可以将给定的字符串通过分隔符进行分割。

```java
import java. util. StringTokenizer;
public class TokenTest {
    public static void main( String[] args   ){
        StringTokenizer stl = null, st2 = null; String strl = "Java 644 0. 123";
        stl = new StringTokenizer (strl) ;                //使用默认的空格作为分隔符
        System. out. println( "strl :" + strl);
        System. out. println( "Token 1:" + stl. nextToken( )) ;
        System. out. println( "Token 2:" + stl. nextToken( ));
        System. out. println( " Token 3:" + stl. nextToken( ));
        String str2 = "Java/644/0. 123 " ;
        st2 = new StringTokenizer( str2，"/" ) ;          //使用自定义分隔符 "/"
        System. out. println("\nstr2 :"+ str2);
        System. out. println("Token 1 :"+ st2. nextToken( ));
        System. out. println("Token 2 :"+ st2. nextToken( ));
        System. out. println("Token 3 :"+ st2. nextToken( ));
    }
}
```

运行结果如下：

```
strl: Java 644 0.123
Token 1: Java
Token 2: 644
Token 3: 0. 123
str2: Java/644/0.123
Token 1: Java
Token 2: 644
Token 3: 0.123
```

在例 3.6 的程序中，创建了两个 StringTokenizer 类对象，这是通过给构造方法提供不同参数列表实现的；第一个对象是使用一个参数（一个 String 类对象 strl）创建的，是一个使用默认分隔符的 StringTokenizer 类对象。

StringTokenizer 类用于将字符串分割成标记。在默认情况下，StringTokenizer 类使用空格、制表符等作为分隔符。例如，如果字符串 str1 包含空格，空格将被用于分隔标记。使用第二个参数的构造方法可以指定自定义分隔符。例如，StringTokenizer 类可以用斜杠（/）作为分隔符来分割字符串。

在例 3.6 的程序中，创建的第二个 StringTokenizer 类对象提供了两个参数——str2 和字符"/"。其中，第二个参数指定了分隔符。

对象是如何创建的？当使用运算符 new 时，将会发生如下几件事：创建给定类的实例，为它分配内存，调用构造方法。StringTokenizer 类之所以可以通过不同的方式使用 new 运算符来完成不同的工作，是因为它定义了多个构造方法。创建自己的类时，可以根据需要定义任意个数的构造方法，以实现类的不同行为。

在同一个类中，两个构造方法的参数列表不可以相同。因为参数列表是唯一区分构造方法的依据。

在 Java 中，内存管理是动态的、自动的。当创建新对象时，Java 自动为该对象分配内存，所以不必显式地为该对象分配内存。同时，使用完对象后，也不需要释放它占用的内存。在大多数情况下，当使用完对象后，Java 能够判断出已经不再引用该对象（即该对象没有赋给任何正在使用或被存储在数组中的变量）。程序运行时，Java 虚拟机定期地查找未使用的对象，并回收这些对象占用的内存，这称为垃圾收集。垃圾收集是完全自动的。

二、对象的使用

1. 访问对象的属性和行为

对象的使用主要是通过访问其属性和方法来实现的。属性和方法的访问可以通过操作符完成，其语法格式如下：

```
对象名 . 成员变量名      //引用对象中的成员
对象名 . 方法名(参数)     //调用对象中的方法
```

2. 对象的 this 引用

this 预定义对象引用变量指向对象本身。任何类都可通过 this 变量获得一个代表自身的对象变量。当在类中明确指出使用对象自身的成员变量或方法时，就应该加上 this 预定义对象引用。

【例 3.7】this 的使用。

```java
public class ThisDemo {
    private String s = "This Variable Demo";          //成员变量 s
    public ThisDemo(String s) {                        //构造方法
        System.out.println("s = " + s);               //打印参数 s 的值
        System.out.println("1：this.s = " + this.s);   //打印当前成员变量值
        this.s = s;                                    //成员变量赋值
        System.out.println("2：this.s = " + this.s);   //打印当前成员变量值
    }
    public static void main(String[] args) {
        ThisDemo td = new ThisDemo("Java Demo");       //定义对象引用变量并生成
    }
}
```

运行结果如下：

```
s = Java Demo
1：this.s = This Variable Demo
2：this.s = Java Demo
```

在例 3.7 中，构造方法中的参数 s 与 ThisDemo 类的成员变量 s 同名。这时，直接对 s 进行操作则是对参数 s 进行操作。若要对 ThisDemo 类的成员变量 s 进行操作，就应该使用 this 进行引用。

3. 对象的比较

操作符 "=="用来比较两个操作元是否相等。这两个操作元既可以是基本类型，也可以是引用类型，例如：

```
int a = 1 , b = 2 ;
boolean c1 =(a == b) ;        // "=="的操作元是基本类型，c1 变量的值为 false
String str1 ="hello",  str2 ="world" ;
boolean c2 =(str1 == str2) ;  // "=="的操作元为引用类型，c2 变量的值为 false
```

在 java.lang.Object 类中，定义了 equals( )方法，用来比较两个对象是否相等。它的声明语法格式如下：

```
public boolean equals(Object obj   )
```

Object 类的 equals( )方法的比较规则：当参数 obj 引用的对象与当前对象为同一个对象时，就返回 true，否则返回 false。

```
public boolean equals(Object obj){
    if(this == obj)
        return true ;
    else
        return false ;
}
```

在 Java 开发包中，有一些类覆盖了 Object 类的 equals( )方法。它们的比较规则：如果两个对象类型一致并且内容一致，则返回 true。这些类包括 java.io.File、java.util.Date、java.lang.String、包装类（如 java.lang.Integer 和 java.lang.Double）。

【例 3.8】"=="和 equals( )方法的比较。

```
public class EqualComp {
    public static void main(String[]args){
        Integer int1= new Integer(1) ;
        Integer int2 = new Integer(1) ;
        String str1 = new String("hello" ) ;
        String str2 = new String("hello");
        System. out. println (int1== int2) ;         //打印 false
        System. out. println (int1. equals(int2));    //打印 true
        System. out. println(strl == str2) ;         //打印 false
        System. out. println (strl. equals( str2)) ;  //打印 true
    }
}
```

运行结果如下：

```
false
true
false
true
```

在例 3.8 中，int1 和 int2 变量引用不同的 Integer 对象，但它们的内容都是 1，因此使用 "=="比较的结果为 false，而用 equals()方法比较的结果为 true；同样，str1 和 str2 变量引用不同的 String 对象，但是它们的内容都是"hello"，因此使用 "=="比较的结果为 false，而使用 equals( )方法比较的结果为 true。

在实际应用中，当比较字符串是否相等时，通常按照内容来比较才会有意义，因此应该调用 String 类的 equals( )方法，而不采用 "=="操作符。

编程人员有时会误用 "=="操作符，而无法使程序得到预期的运行结果。这时，应该把 "=="改为 equals( )方法才会使程序得到实际意义的运行结果。

三、Java 的垃圾回收机制——对象的清除

在任何一个面向对象的语言中，这个垃圾回收机制都是很重要的。因为如果对象不能够被及时回收（清除），那么很多没用的对象就仍然会占用内存，久而久之就会导致内存不足。

Java 的垃圾回收机制是 Java 的重要功能之一。在程序创建对象、数组引用类型实体时，系统都会在堆内存中为之分配一块内存区，对象就保存在这块内存区中。当这块内存区不被任何引用变量引用时，这块内存区就会变为垃圾，并等待垃圾回收机制进行回收。

1. 垃圾回收机制的特征

（1）垃圾回收机制只负责回收堆内存中的对象，不负责回收任何物理资源（如数据库连接、网络 I/O 等资源）。这些资源需要程序员手动回收。

（2）程序无法精确控制垃圾回收器的运行。垃圾回收器会在合适的时间自动运行。当对象不再被引用后，垃圾回收器会在适当的时候回收它。

（3）在 Java 9 之前的版本中，在回收对象之前，总会先调用 finalize( )方法。该方法可能使该对象重新复活（让一个引用变量重新引用该对象），从而导致垃圾回收机制取消回收。在 Java 9 及以后的版本中，finalize( )方法被标记为过时，不再被使用，并可能被移除。此时，建议使用其他方式进行资源清理。

2. 对象在内存中的状态

在 Java 9 之前的版本中，一个对象在内存中运行时，根据它被引用变量所引用的状态，可以处于 3 种状态。

（1）可达状态：当一个对象被创建后，若有一个以上的引用变量引用它，则这个对象在程序中处于可达状态。程序可以通过引用变量来调用该对象的 Filed 和方法。

（2）可恢复状态：若某个对象不再被任何引用变量引用，就进入可恢复状态。

（3）不可达状态：若某个对象与所有引用变量的关联都被切断，且系统已经调用所有对象的 finalize( )方法后依然没有使该对象进入可达状态，那么该对象将永久性地不被引用而处于不可达状态。一个对象只有处于不可达状态，才会真正被回收。

现在，Java 中的对象引用类型有强引用、软引用、弱引用、虚引用（幻象引用）。

（1）强引用（Strongly Reachable）：若对象被一个或多个强引用变量引用，则垃圾回收器不会回收此对象。

（2）软引用（Soft Reachable）：若对象只被软引用指向，则此对象在内存不足时可能被回收。

（3）弱引用（Weak Reachable）：若对象只被弱引用指向，则此对象在下一次会被回收。

（4）虚引用（Phantom Reachable）：可用于跟踪对象被回收的状态。

下面的程序简单地创建了两个字符串对象，并创建了一个引用变量依次指向两个变量。

```
public class StatusTranfer {
    public static void test( ){
```

```
        String a = new String("Java" ) ;
        a = new String("Test" ) ;
    }
    public static void main(String[]args){
        test( );
    }
}
```

"Java"对象：在执行 a = new String("Test");后，原先的"Java"对象不再被强引用指向，变为可回收状态。

"Test"对象：a 引用指向"Test"对象，处于强引用状态，不会被回收。

在对象的引用和垃圾回收中，有下面 3 种情况。

（1）局部变量引用：当对象被方法的局部变量引用时，方法执行完毕后，局部变量出栈，对象可能变为可回收状态。

（2）成员变量引用：当对象被其他对象的成员变量引用时，只有当该持有引用的对象本身也不可达时，被引用的对象才可能被回收。

（3）类变量引用（静态变量）：被静态变量引用的对象在类加载器未被回收前，一直处于强引用，不会被垃圾回收。

3. 强制垃圾回收

当一个对象失去引用后，系统何时调用它的 finalize( )方法对它进行资源清理，何时它会变为不可达状态，系统何时回收它占有的内存，这些对于程序完全透明。也就是说，程序只能控制一个对象何时不再被任何引用变量引用，但不能控制它何时被回收。

程序无法精确控制 Java 垃圾回收的时机，但依然可以强制系统进行垃圾回收。这种强制只是通知系统进行垃圾回收，但系统是否进行回收依然不确定。大部分时候，程序强制系统垃圾回收总会有一些效果。

强制系统垃圾回收有两个方法——System.gc( )和 Runtime.getRuntime( ).gc( )，即调用 System 类的 gc( )静态方法——System.gc( )和调用 Runtime 对象的 gc( )实例方法——Runtime.getRuntime.gc( )。但是，显式调用 System.gc( )方法，可能会导致性能问题，因为这仅是建议 Java 虚拟机进行垃圾回收，并不能保证垃圾回收一定会发生。因此，对于需要手动回收的资源（如文件、网络连接、数据库连接），应使用 try…with…resources 语句或在 finally 语句块进行回收，不要依赖垃圾回收器进行回收。

任务四　包的创建与使用方法

包是 Java 提供的一种区别类的名字空间的机制，是类的组织方式，也是一组相关类和接口的集合。它提供了访问权限和命名的管理机制。

在 Java 中，包为我们提供了很多标准的 Java 类和接口。这些包是编写 Java 程序所必需的。Java 程序员都应该了解并熟练运用每种包包含的类和接口。

使用包的主要原因是确保类名的唯一性。假如两个程序员不约而同地创建了 Student 类，只要将这些类放置在不同的包中，就不会产生类名冲突。事实上，为了保证包名的绝对唯一性，SUN 公司建议将因特网域名以逆序的形式作为包名，并且对于不同的项目使用不同的子包。例如，

www.sohu.com 是一个域名，逆序形式为 com.sohu.www。这个包还可以进一步划分为子包，如 com.sohu.www.news。

一、包的创建、声明与使用

1．package 语句

创建包是在当前目录下创建与包名结构一致的目录结构，并将指定的类文件放入该目录。可以在需要放入该包的源文件开头定义包，其语法格式如下：

```
package pkg1[.pkg2[.pkg3…]];
```

package 语句应该是源文件中的第一条语句。package 语句的前面只能有注释行或空行。一个源文件中只能有一条 package 语句。package 语句的作用是将源文件中所有类的字节码文件放入指定的包中。

包是有层次的，且各层次之间用点分隔。包的层次必须与 Java 开发系统的文件系统结构相同。通常，包名全部使用小写字母表示。

例如，"package myprogram.mypkg；"语句将 Student 类放入 myprogram.mypkg 包中。

2．import 语句

在 Java 中，使用 import（引入）语句告诉编译器需要使用的类所在的位置。

import 语句的语法格式如下：

```
import pkg1[. pkg2[. pkg3…]];
```

例如，要引用 java.lang 包中的 Math 类，可以在程序的开始加上"importjava.lang.Math；"，则在程序的其他地方可以直接引用 Math 类。

当引入包中的所有类时，可以使用通配符"*"，如"importjava.lang.*"。这样可以方便地访问包中每一个类。需要注意的是，import 语句只是在编译时告诉编译器到哪些包中去查找类名，不会给编译后的字节码增加额外的大小，也不会影响程序运行时的性能或内存使用。但是，为了代码的可读性和维护性，建议只导入实际使用的类。

java.lang 包是编译器自动加载的，因此使用该包下的类时，可以省略"importjava.lang.*"语句。

3．使用访问控制符

在 Java 中，提供了 3 个访问控制符——private、protected 和 public，分别代表了 3 个访问控制级别，还有一个不加任何访问控制符的访问控制级别（default），即总共有 4 个访问控制级别。

Java 的访问控制级别由小到大的排序是 Private→default→protected→public。

其中，default 并没有对应的访问控制符。当不使用任何访问控制符来修饰类或类成员时，系统默认使用 default 访问控制级别。这 4 个访问控制级别的详细介绍如下。

private（当前类访问权限）：如果类里的一个成员（包括 Field、方法和构造方法等）使用 private 访问控制符修饰，则这个成员只能在当前类的内部被访问。很显然，这个访问控制符用于修饰 Field 最合适。使用 private 来修饰 Field 就可以把 Field 隐藏在该类的内部。

default（包访问权限）：如果类里的一个成员（包括 Field、方法和构造方法等）或者一个外部类不使用任何访问控制符，则可以被相同的包下的其他类访问。

protected（子类访问权限）：如果类里的一个成员（包括 Field、方法和构造方法等）使用 protected

访问控制符修饰，那么这个成员既可以被同一个包中的其他类访问，也可以被不同包中的子类访问。在通常情况下，如果使用 protected 访问控制符修饰一个方法，通常希望其子类重写这个方法。

public（公共访问权限）：这是一个最为宽松的访问权限。如果类里的一个成员（包括 Field、方法和构造方法等）或者一个外部类使用 public 访问控制符修饰，那么不管访问类和被访问类是否处于同一个包中，是否具有父子继承关系，这个成员或外部类都可以被所有类访问。不同访问控制级别下的访问权限如表 3.2 所示。

表 3.2　不同访问控制级别下的访问权限

	private	default	protected	public
同一个类中的成员	是	是	是	是
同一个包中的成员	否	是	是	是
同一个子类中的成员	否	否	是	是
全部范围的成员	否	否	否	是

注："是"代表成员可以被访问；"否"代表成员不可以被访问。

通过上面关于访问控制符的介绍不难发现，访问控制符用于控制一个类的成员是否可以被其他类访问。对于局部变量而言，其作用域就是它所在的方法，不可能被其他类访问，因此不能使用访问控制符来修饰。

外部类可以使用访问控制符来修饰，但只能有两种访问控制级别——public 和 default。这是因为外部类没有处于任何类的内部，也就没有其所在类的内部、所在类的子类两个范围。private 和 protected 访问控制符修饰外部类没有意义。

外部类可以使用 public 和 default 修饰。使用 public 修饰的外部类可以被所有类使用，如声明变量、创建实例。不使用任何访问控制符的外部类只能被同一个包中的其他类使用。

如果一个 Java 源文件里定义的所有类都没有使用 public 修饰，则这个 Java 源文件的文件名可以是一切合法的文件名。如果一个 Java 源文件里定义了一个 public 修饰的类，则这个源文件的文件名必须与 public 修饰的类的类名相同。

下面通过使用合理的访问控制符来修饰一个 Person 类，且这个 Person 类实现了良好的封装。

【例 3.9】使用合理的访问控制符来修饰 Person 类。

```java
public class Person {
    //将 Field 使用 private 修饰，将这些 Field 隐藏起来
    private String name ;
    private int age ;
    //提供方法来操作 name Field
    public void setName(String name   ){
        //执行数据合理性校验，要求姓名必须在 2～6 位之间
        if(name. length( ) > 6 || name. length( ) < 2){
            System. out. println("输入名称不符合要求");
            return ;
        } else
            this. name = name ;
    }
    public String getName( ) {
        return name ;
    }
```

```
        //提供方法操作 age Field
        public void setAge(int age){
            //执行数据合理性校验，要求年龄必须在 0～100 之间
            if(age>150 || age < 0){
                System. out. println("输入的年龄不合法");
            }else {
                this. age = age ;
                return ;
            }
        }
        public int getAge( ) {
            return age ;
        }
    }
```

例 3.9 的程序定义了 Person 类之后，该类的 name 和 age 两个 Field 只有在 Person 类之内才可以被操作和访问，在 Person 类之外只能通过各自对应的 set( )和 get( )方法被访问和操作。

下面在 main( )方法里创建了一个 Person 类，并且操作和访问该类的 age 和两个 Field。

【例 3.10】创建一个 Person 类，并操作和访问该类的字段。

```
public class PersonTest {
    public static void main(String[] args){
        Person p = new Person( );
        //因为 age Field 已被隐藏，所以下面的语句会出现编译错误
        p.setAge(200);    //年龄不符合要求
        System.out.println("年龄：" + p.getAge( ));        //输出结果"年龄：0"
        p.setAge(25);      //年龄符合要求
        System.out.println("年龄：" + p.getAge( ));        //输出结果"年龄：25"
        p.setName("Jerry");    //姓名符合要求
        System.out.println("姓名：" + p.getName( ));       //输出结果"姓名：Jerry"
    }
}
```

运行结果如下：

```
年龄：0
年龄：25
姓名：Jerry
```

在例 3.10 中，PersonTest 类的 main( )方法不可以直接修改 Person 类的 age 和 name 两个 Field，只能通过各自对应的 set( )和 get( )方法来操作这两个 Field 的值。通过在 set( )方法中添加逻辑控制功能保证 Person 类中数据的合理性。

一个类常常就是一个小的模块，应该只让这个模块公开必须让外界知道的内容，而隐藏其他一切内容。在进行程序设计时，应尽量避免一个模块直接操作和访问另一个模块的数据。模块设计尽量追求高内聚（尽可能把模块的内部数据、功能实现细节隐藏在模块的内部，不允许外部直接干预）、低耦合（仅暴露少量的方法给外部使用）。

关于访问控制符的使用存在以下几条基本规则。

（1）在类里，绝大部分 Field 都应该使用 private 修饰，只有一些 Field 使用 static 修饰，且类似全局变量的 Field 才可能考虑使用 public 修饰。除此之外，有些只是用于辅助实现该类的其他方法（称为工具方法）也应该使用 private 修饰。

（2）如果某个类主要作为其他类的父类，且该类里包含的大部分方法仅希望被其子类重写，

不希望被外界直接调用，则应该使用 protected 修饰这些方法。

希望暴露出来给其他类自由调用的方法应该使用 public 修饰。因为外部类通常希望被其他类自由调用，所以大部分外部类都使用 public 修饰。

二、Java 的常用包

Java 的核心类都放在 java 包及其子包下，而 Java 拓展的许多类都放在 javax 包及其子包下。这些实用类就是应用程序接口。Oracle 公司按这些类的功能将其分别放在不同的包下。下面几个包是 Java 的常用包。

java.lang：这个包包含了 Java 的核心类，如 String、Math、System 和 Thread 类等。使用这个包中的类无须使用 import 语句导入，系统会自动导入这个包中的所有类。

java.util：这个包包含了 Java 的大量工具类/接口和集合框架/接口，如 Arrays、List 和 Set 等。

java.net：这个包包含了一些与 Java 网络编程相关的类/接口。

java.io：这个包包含了与 Java 输入/输出编程相关的类/接口。

java.text：这个包包含了一些与 Java 格式化相关的类。

java.sql：这个包包含了与 JDBC 数据库编程相关的类/接口。

java.awt：这个包包含了与抽象窗口工具集相关的类/接口。这些类/接口主要用于构建图形用户界面程序。

javax.swing：这个包包含了与 Swing 图形用户界面编程相关的类/接口。这些类可用于构建与平台无关的图形用户界面程序。

综合实训 模拟贷款

1．实例内容

设计一个贷款类——Loan。Loan 类包含贷款年利率（annuallnterestRate）、贷款年限（numberOfYears）、贷款额（loanAmount）、贷款日期（loanDate）成员变量，还包含获取和设置贷款年利率、贷款年限、贷款额的方法，以及贷款的月支付额和总支付额的方法。此外，需要计算贷款的月支付额和总支付额，以及设置默认构造方法（不带参数，使用默认值初始化成员变量）和带 4 个参数的构造方法。

2．实例目的

（1）进一步熟悉类的成员变量和成员方法的定义。

（2）进一步熟悉对象的创建与使用方法。

（3）进一步熟悉包的创建与引用方法。

（4）进一步了解类的访问权限。

3．任务要求

1）设计 Loan 类

（1）构造方法。

默认构造方法：不带参数，且设置年利率为 2.5%，贷款年限为 1 年，贷款金额为 1000 元，贷款日期为创建对象时的当前日期。

带参数的构造方法：将贷款年利率、贷款年限和贷款金额作为参数，并相应地初始化成员变量，设置贷款日期为创建对象时的当前日期。

（2）访问器方法。

为每个私有成员变量提供公共的 get( )和 set( )方法，而为 loanDate 只提供 get( )方法（贷款日期在创建后不应修改）。

（3）计算方法。

public double getMonthlyPayment( )：计算并返回月支付额。

public double getTotalPayment( )：计算并返回总支付额。

（4）计算公式。

monthlyInterestRate = annualInterestRate / 1200：计算月利率。

monthlyPayment = loanAmount * monthlyInterestRate / (1 – (1 / Math.pow(1 + monthlyInterestRate, numberOfYears * 12)))：计算月支付额。

totalPayment = monthlyPayment * numberOfYears * 12：计算总支付额。

2）编写测试类

（1）包声明：将测试类放入一个合适的包中，如 com.example.test。

（2）导入 Loan 类：使用 import 语句导入 Loan 类。

（3）类命名：命名测试类为 LoanTest。

（4）主要功能。

提示用户输入：

■ 贷款额

■ 年利率（如输入 7.5 表示年利率为 7.5%）

■ 贷款年限

创建 Loan 类：使用用户输入的数据创建一个 Loan 类。

显示结果：

■ 贷款日期

■ 月支付额（保留两位小数）

■ 总支付额（保留两位小数）

3）挑战

（1）扩展功能：在 Loan 类中添加方法，允许用户根据不同的贷款方案（如不同的还款方式）计算月支付额。

（2）图形用户界面：使用 Swing 或 JavaFX 创建一个简单的图形用户界面，以方便用户输入数据和查看结果。

（3）数据验证：对用户输入的数据进行严格的验证和错误处理。

▶ 项目小结

本项目主要介绍了 Java 面向对象程序设计的基本概念和基本方法，其中包括类的定义方法、对象的创建和使用方法、包的创建和使用方法等。

学习本项目时，大家应着重掌握以下一些内容。

（1）了解公共类和主类的概念。

（2）了解成员变量和成员方法各种访问控制符的意义。

（3）了解成员变量和实例变量的区别。

（4）了解使用方法参数进行数据传递时传递值和传递地址的区别。

（5）了解 this 关键字的意义和用法。

（6）了解构造方法的作用。

（7）了解对象的创建与使用方法。

（8）了解包的创建、声明和使用方法。

思考与练习

一、选择题

1. 对于静态变量和实例变量来说，下面说法错误的是（　　）。

    A．实例变量是类的成员变量

    B．静态变量在第一次用到时被初始化，以后创建其他对象时不再被初始化

    C．实例变量在每次创建对象时都被初始化和分配内存空间

    D．实例变量是用 static 修饰的成员变量

2. 用 private 修饰成员变量时，下面说法正确的是（　　）。

    A．可以被其他包中的类访问　　　　　　B．只能被同一个包中的其他类访问

    C．只能被所在类访问　　　　　　　　　D．可以被任意 public 类访问

3. 已知下面一段程序，那么正确地调用成员变量 a 的语句是（　　）。

```
public class Point { int a=2;
    public static void main(String args[]){
        Point one=new Point( );
    }
}
```

    A．one.a　　　　　　B．Point.a　　　　　　C．point.a　　　　　　D．Point.one

4. 在下面声明 Point 类的构造方法中，正确的是（　　）。

    A．int Point( ){}　　　　　　　　　　B．Point(int x　){ }

    C．void point(int x　){ }　　　　　　D．point(int x　){ }

5. 设 Point 类为已定义的类，下面声明 Point 类对象 a 的语句正确的是（　　）。

    A．Point a=Point( );　　　　　　　　B．public Point a;

    C．Point a =new Point( );　　　　　　D．public Point a=new Point( );

6. 为 Point 类定义一个没有返回值的 move( )方法，如果想通过类名访问该方法，则该方法的声明形式为（　　）。

    A．final void move( )　　　　　　　　B．public void move( )

    C．abstract void move( )　　　　　　　D．static void move( )

二、简答题

1. 静态变量和实例变量有何区别？

2．什么是局部变量？局部变量的作用域是什么？

3．成员变量和成员方法的访问控制修饰符有哪些？其意义是什么？

4．什么是重载方法？

5．this 关键字的作用是什么？

6．包的作用是什么？如何在程序中引入已定义的其他包中的类？

三、编程题

1．定义 1 个盒子类 Box，包括 3 个私有变量（width、length、height）、1 个构造方法和 1 个 showBox( )方法；构造方法用来初始化变量；showBox( )方法无参数，用于输出变量（width、length 和 height）的值。

2．定义 1 个类，且该类具有 x 和 y 两个静态变量；定义构造方法初始化这两个变量；定义 4 个方法分别计算并输出这两个数相加、相减、相乘、相除的结果；在 main( )方法中，用户应能输入这两个数。

项目四

类的深入解析

在 Java 中，继承分为类的继承和接口的继承两种。其中，类的继承只支持单继承；接口的继承可以是多重继承。本项目将详细介绍类的继承。

一、子类的定义

子类也是类。与一般类的定义语法格式类似，子类的定义语法格式如下：

```
[Modifiers] class SubClassName extends SuperClassName{
    //SubClassBody
}
```

其中，Modifiers 是修饰符；SubClassName 是子类的名称；extends 是用于实现继承的关键字。当类的定义中有 extends 关键字时，表示当前定义的类继承于别的类，是别的类的子类；SuperClassName 是父类名；SubClassBody 是子类的类体。下面通过一个例子来说明类的继承机制及如何实现类的继承。

【例 4.1】定义一个圆类（Circle 类），该类继承点类（Point 类）。

```
class Point{                              //定义点类，作为圆心
    protected int x,y;                    //点坐标默认为（0,0）
    public Point( ){ }                    //无参构造方法
    public Point(int xx,int yy) {
        setPoint(xx,yy);
    }                                     //带 2 个参数的构造方法
    public void setPoint(int m，int n){
        x = m; y = n;
    }                                     //设置坐标位置
    public int getX( ){return x; }        //获取 x 坐标
    public int getY( ){return y; }        //获取 y 坐标
}
class Circle extends Point{               //定义圆类
    private double radius;                //radius 为圆的半径
    public Circle(int x,int y,double r){  //带 3 个参数的构造方法
        this.x=x;   this.y=y;   setRadius(r);
```

```
        }
        public void setRadius(double r){radius = r;}              //设置圆的半径
        public double getRadius( ){return radius;}                //获取圆的半径

        public double getArea ( ) { return 3.1415 * radius *radius;}   //获取圆的面积
        public String toString( ) {                               //重写 toString( )方法
            return "Position(" + x + "," + y + "    )Radius= "+ radius;
        }
    }
public class CircleTest{
    public static void main(String[] args){
        Circle c=new Circle(50,50,10);
        System.out.println(c.toString( ) );
        c.setPoint(100,100);
        c.setRadius(20); System.out.println(c.toString( ) );
        }
    }
```

运行结果如下：

```
Position(50,50)Radius=10.0
Position(100,100)Radius=20.0
```

通过继承，子类继承了父类的属性和行为。所以，在子类中就不用再定义父类中已有的属性和行为了。在定义 Point 类的两个坐标属性 x 和 y 时，访问属性控制符 protected 修饰的成员可以在子类中访问，所以 Circle 类的 this.x 和 this.y 中的 x 和 y 就是由父类（Point 类）继承而来的，在此可以直接引用；同理，Circle 类的 toString( )方法中的 x 和 y 也是由父类（Point 类）继承而来的 x 和 y。在 Circle 类中没有 setPoint( )方法的定义。显然，对于在 CirdeTest 类中通过 Circle 类的对象 c 来设置其圆心坐标时所用的语句 c.setPoint(100,100)，其间所调用的 setPoint( )方法是由父类（Point 类）继承而来的，因为 Point 类的 SetPoint( )方法的访问属性控制符是 public，用它修饰的成员在子类中可以引用。

通过继承，在 Circle 类中除了有其自身所定义的属性和行为，还继承了父类（Point 类）的属性 x，y 和行为。此时，Circle 类具有的属性变量和行为方法有 x、y、radius、setPoint( )、getX( )、getY( )、setRadius( )、getRadius( )、getArea( )、toString( )等。可见，通过继承，子类继承了父类的特性；同时，在子类中也可扩展父类中所没有的特性，这既有利于代码的重用，也不失灵活性。

二、子类的构造方法

在 Java 中，当执行子类的构造方法时，必须首先调用父类的构造方法。这是因为父类的构造方法负责初始化父类中的成员变量，而子类的构造方法负责对子类中的部分成员变量进行初始化。调用父类的构造方法使用 super( )方法，且必须是子类的构造方法中的第一条语句。

1．无参构造方法

如果父类定义了无参构造方法，子类的构造方法可以不显式调用 super( )方法，系统会自动调用父类的无参构造方法。

2．有参构造方法

如果父类定义了有参构造方法，子类必须通过 super（参数）方法显式调用父类的有参构造方法。

当定义类时，通常建议定义一个无参构造方法，以便子类可以顺利继承并创建对象。如果父类中定义了有参构造方法而没有定义无参构造方法，则子类必须显式调用父类的有参构造方法，否则编译时会出现错误。

【例4.2】有参加无参构造方法的继承。

```java
class Point {
    protected int x, y;
    public Point( ) {                                //无参构造方法
        this.x = 0;
        this.y = 0;
        System.out.println("无参构造: Point(" + x + ", " + y + ")");
    }
    public Point(int x, int y) {                      //有参构造方法
        this.x = x;
        this.y = y;
        System.out.println("有参构造: Point(" + x + ", " + y + ")");
    }
}
class Circle extends Point {
    private double radius;
    public Circle( ) {                               //无参构造方法调用父类的无参构造方法
        super( );                                    //调用父类的无参构造方法
        this.radius = 1.0;
        System.out.println("无参构造: Circle, radius = " + radius);
    }
    public Circle(int x, int y, double radius) {      //有参构造方法调用父类的有参构造方法
        super(x, y);                                 //调用父类的有参构造方法
        this.radius = radius;
        System.out.println("有参构造: Circle(" + x + ", " + y + "), radius = " + radius);
    }
}
public class Main {
    public static void main(String[] args) {
        System.out.println("----无参构造方法----");
        Circle c1 = new Circle( );                   //调用无参构造方法

        System.out.println("----有参构造方法----");
        Circle c2 = new Circle(10, 20, 5.0);         //调用有参构造方法
    }
}
```

说明：Circle 类的无参构造方法通过 super( )方法调用了 Point 类的无参构造方法。Circle 类的有参构造方法通过 super(x, y)方法调用了 Point 类的有参构造方法，并初始化了 x 和 y 坐标。

三、类成员的隐藏与重载

在 Java 中，子类继承了父类的成员，并可以添加新的成员。当子类和父类中有同名的成员时，可能会产生成员变量隐藏、成员方法重载或覆盖的现象。

1. 类成员的继承

通过继承，子类可以继承父类中除构造方法外的所有成员（包括 public 和 protected 修饰的成

员）。但是，private 修饰的成员不能直接被子类访问。在子类中，可以通过 super 关键字来引用父类的成员。

2．成员变量的隐藏

当子类定义的成员变量与父类的成员变量同名时，父类的成员变量被隐藏。在子类中直接访问该成员变量时，访问的是子类的成员变量；若要访问父类的同名成员变量，必须使用 super 关键字。super 关键字用于指向当前类的父类。请读者结合前面所学的知识，自行区别 this、super 和 super( )方法三者的不同。下面通过例 4.3 说明成员变量的隐藏及 super 的用法。

【例 4.3】成员变量的隐藏及 super 的用法。

```
class Superclass {
    protected int x = 5;
    public String toString( ) {
        return "Superclass: x=" + x;
    }
}
class Subclass extends Superclass {
    protected int x = 10;
    public String toString( ) {
        return "Subclass: x=" + x + ", Superclass x=" + super.x;
    }
}
public class Main {
    public static void main(String[] args) {
        Subclass sub = new Subclass( );
        System.out.println(sub.toString( ));          //输出 "Subclass: x=10, Superclass x=5"
    }
}
```

运行结果如下：

Subclass: x=10，Superclass x=5

说明：在 Subclass 类中，x 变量与父类的 x 变量同名，父类的 x 被隐藏。通过 super.x 可以访问父类的 x 变量。

3．成员方法的重载与覆盖

子类可以继承父类的成员方法，同时可以在子类中对成员方法进行重载（参数不同）或覆盖（参数相同）。

重载：子类定义与父类同名但参数不同的成员方法，这是对父类功能的扩展。

覆盖：子类定义与父类同名且参数相同的成员方法，这是对父类功能的修改。在覆盖成员方法时，必须保证方法签名（名称、参数、返回值类型）一致。

覆盖的规则：

（1）子类不能覆盖父类的 final( )方法。

（2）子类必须覆盖父类的 abstract( )方法，除非子类本身也是抽象类。

（3）子类成员方法的访问权限不能比父类成员方法的访问权限更严格。

【例 4.4】成员方法的重载与覆盖。

```
class Superclass {
    public void display( ) {
        System.out.println("Superclass display");
    }
}
class Subclass extends Superclass {
                                            //覆盖父类的 display( )方法

    public void display( ) {
        System.out.println("Subclass display");
    }
                                            //重载父类的 display( )方法
    public void display(String msg) {
        System.out.println("Subclass display: " + msg);
    }
}
public class Main {
    public static void main(String[] args) {
        Subclass sub = new Subclass( );
        sub.display( );                     //输出"Subclass display"（覆盖）
        sub.display("Hello!");              //输出"Subclass display: Hello!"（重载）
    }
}
```

运行结果如下：

```
Subclass display
Subclass display: Hello!
```

说明：

Subclass 类中的 display( )方法与父类成员方法具有相同的签名（方法名和参数列表），实现了对父类成员方法的覆盖；Subclass 类中的 display(String msg)方法与父类成员方法同名但参数列表不同，实现了对父类成员方法的重载。

【例 4.5】定义一个父类及其子类，观察成员方法的隐藏。

```
import java.io.*;
class SuperBase {
    public void getClassname( ) {
        System.out.println("This is SuperBase");
    }
}

class SubBaseOne extends SuperBase {
    public void getClassname( ) {
        System.out.println("This is SubBaseOne ");
    }
}
//下面定义了 SubBaseTwo 子类的 getClassname( )方法对 SuperBase 父类的 getClassname( )方法重载
class SubBaseTwo extends SuperBase {
    public void getClassname(String str) {
        System.out.println("This is " + str);
    }
}
```

```
public class T3 {
    public static void main(String[] args) {
        SubBaseOne objOne = new SubBaseOne( );
        objOne.getClassname( );
        SubBaseTwo objTwo = new SubBaseTwo( );
        objTwo.getClassname("SubBaseTwo ");
    }
}
```

运行结果如下：

This is SubBaseOne This is SubBaseTwo

SubBaseTwo 子类有两个 getClassname( )方法：一个是从父类继承的返回值类型为 void 的 getClassname( )方法；另一个是自己定义的参数类型为 string 的 getClassname( )方法。

SubBaseOne 子类的对象引用调用 getClassname( )方法，就是调用子类的 getClassname( )方法。

如果父类成员方法之一被覆盖了，那就可以通过使用 super 关键字调用被覆盖成员的方法，如 super.methodname(arguments)。该关键字将成员方法调用沿类层次结构向上传递。

子类不能覆盖父类中声明为 final 的方法。如果试图覆盖 final 方法，编译时将出错。子类必须覆盖父类中声明为 abstract 的方法，否则子类本身必须是抽象的。例如：

```
public class Parent{
    abstract void method1 ( );
    abstract void method2 ( );
}

    public class Child extends Parent{ public void method1 ( ){...};
    public abstract void method2 ( );
}
```

（4）覆盖成员方法的返回类型必须与它所覆盖的成员方法相同。

（5）子类成员方法不能缩小父类成员方法的访问权限。

```
public class Parent{
    public void method(int x){}
}
public class Child extends Parent {
    protected void method(int x){     //不合法的覆盖
    }
}
```

在上面程序中，子类成员方法的访问权限 protected 比父类成员方法的访问权限 public 更严格，违反了访问权限不能缩小的规则。

容易混淆的地方：

① 覆盖成员方法时，不能缩小访问权限。在上面程序中，子类 method( )方法是 protected 类型的，父类 method( )方法是 public 类型的，子类成员方法缩小了父类成员方法的访问权限，因此子类成员方法覆盖父类成员方法是无效的。

② 父类非静态成员方法不能被子类静态成员方法覆盖。父类私有成员方法不能被子类私有成员方法覆盖。

③ 父类静态成员方法不能被子类静态成员方法覆盖，子类可以定义同父类同名的静态成员方法。如果子类定义了与父类同名且参数列表相同的静态成员方法，则子类的静态成员方法会隐

藏父类的静态成员方法。静态成员方法不能被覆盖，只能被隐藏。

④ 子类不能将父类的非抽象成员方法覆盖为抽象成员方法。

```java
public class Parent{
    void method( ){...}
}
abstract public class Child extends Parent{          //子类是抽象类，且覆盖了父类的方法
    public void method( ) {...}
}
```

注意：

① 在子类中重新定义成员变量时，可以使用不同的访问修饰符，但这不会影响父类中的成员变量。

② 类及成员方法在声明时，可以加上 final 修饰符。类前若加上 final 修饰符的成员方法不能被子类的同名成员方法重载；声明为 private（私有）或 static（静态）的成员方法也不能被子类的同名成员方法重载。

③ 类前加 final 修饰符的成员方法表示不能被继承。

在后续的项目中，会遇到很多关于继承的示例，其中大多都会有成员方法的重载或覆盖的应用。

四、构造方法的调用

在 Java 中，构造方法不能被覆盖。构造方法的名称应与类的名称相同，且它们不属于继承范围。每个类必须定义自己的构造方法，且子类不能继承父类的构造方法。

子类可以通过 super( )方法调用父类的构造方法。super( )方法必须是构造方法中的第一条语句。如果父类没有无参构造方法，子类的构造方法必须显式调用带参数的 super( )方法来调用父类的有参构造方法。

在下面的例 4.6 中，一个 SubPoint 类继承自 Point 类，并通过 super(x, y)方法调用 Point 类的构造方法来初始化坐标；SubPoint 类定义一个用于初始化 x、y 和 name 的构造方法。

【例 4.6】 子类调用父类的构造方法。

```java
import java.awt.Point;
public class SubPoint extends Point{
    String name;
    SubPoint(int x,int y,String name){
        super(x,y);
        this.name=name;
    }
    public static void main(String[] arguments){
        SubPoint p=new SubPoint(8,9, "subPoint ");
        System.out.println("x is"+ p.x);
        System.out.println("y is"+ p.y);
        System.out.println("name is "+ p.name);
    }
}
```

运行结果如下：

```
x is 8
y is 9
name issubPoint
```

SubPoint 类的构造方法使用了 super(x, y)方法调用 Point 类的构造方法，完成对 x 和 y 坐标的初始化。

▶ 任务二　类的多态

一、多态的实现

简单地讲，多态表示同一种事物的多种形态。类的继承上只允许单继承，这样虽然保证了继承关系的简单明了，但在功能上会有很大的限制。因此，Java 引入了多态的概念来弥补这一点的不足。简单来说，多态是指不同的对象对相同的方法调用可以有不同的实现。Java 通过继承和接口允许类实现多态，使代码更具灵活性和扩展性。Java 中的多态主要通过方法覆盖和对象引用实现。

1. 方法覆盖实现的多态

子类可以定义与父类相同签名的方法，而 Java 会根据对象的实际类型决定调用哪个方法。

【例 4.7】方法覆盖实现的多态。

```java
class Person {
    public void speak( ) {
        System.out.println("Person is speaking");
    }
}
class Student extends Person {
    public void speak( ) {
        System.out.println("Student is speaking");
    }
}

public class Main {
    public static void main(String[] args) {
        Person p = new Student( );   //向上转型
        p.speak( );   //输出 "Student is speaking"
    }
}
```

2. 对象引用实现的多态

我们说一个对象只有一种形式，没有不确定性，这是由构造方法所决定的。对象的引用变量是多态的。因为子类对象可以作为父类对象来使用，所以一个引用变量可以指向不同形式的对象。尽管子类的对象千差万别，但都可以采用父类对象的引用变量来调用，从而在程序运行时就能根据子类对象的不同得到不同的结果。例如：

```java
class Person{...}
class Student extends Person{...}
class Postgraduate extends Student {...}
```

则

```
Person p1   = new Person( ...   ) ;
Person p2 = new Student( ...   ) ;                    //将学生看作人
Person p3   = new Postgraduate( ...   ) ;             //将研究生看作人
```

但下面的语句是错误的:

```
Postgraduate d1 = new Person( ...   ) ;              //Person 类不能转换为 Postgraduate 类
Postgraduate d2 = new Student( ...   ) ;             //Student 类不能转换为 Postgraduate 类
```

二、方法重载

所谓方法重载,是指在一个类里面,方法名相同但是参数不同(参数不同是指参数的类型或者参数的个数不同或者两都不同)。重载的方法返回值类型可以相同,也可以不同。

在 Java 中,允许同一个类里面定义多个同名方法,只要参数列表不同就行;如果同一个类中包含了两个或者两个以上相同的方法名,但是参数列表不同,则被称为方法重载。

可见,在 Java 中,确定一个方法需要以下 3 个要素。

(1)调用者:也就是方法的所属者,既可以是类,也可以是对象。

(2)方法名:方法的标识。

(3)参数列表:当调用方法时,系统将根据传入的参数列表进行匹配。

方法重载的要求就是"两个同,一个不同",即在同一个类中方法名相同,参数列表不同。至于方法的其他部分(如返回值类型、修饰符等)与方法重载没有任何关系。

【例 4.8】方法重载。

```java
public class Overload {
    //下面定义了两个 test( )方法,但是方法的参数列表不同
    //系统可以区分这两个方法,这被称为方法重载
    public void test( ){
        System. out. println("无参数"); }
    public void test(String msg){
        System. out. println("重载 test( )方法"+ msg); }
    public static void main( String args[]){
        Overload ol = new Overload( );
    //调用 test( )方法时没有传入参数,因此系统调用上面没有参数的 test( )方法
        ol. test( );
    //调用 test( )时传入了一个字符串参数
    //因此系统调用上面有一个字符串参数的 test( )方法
        ol. test("hello" );
    }
}
```

运行结果如下:

```
无参数
重载 test( )方法 hello
```

编译上面程序完全正常,虽然两个 test( )方法的名字相同,但参数列表不同,所以系统可以正常区分出来这两个方法。为什么方法返回值类型不能用于区分重载的方法?对于 int f ( ){ }和 void f ( ) {}两个方法,如果 int result = f ( ),系统可以识别调用返回值类型为 int 的方法,但是将不

能够判断出调用的是哪个方法，且 Java 调用方法时可以忽略方法返回值。因此，Java 中不能使用方法返回值类型作为区分重载的方法依据。

方法重载的重要性在于允许相关方法使用同一个名字来访问。因此，重载的方法名代表了执行的通用动作，参数类型决定了执行环境，Java 虚拟机决定具体执行哪个重载的方法。当重载一个方法时，并没有规定重载的方法之间必须相互关联，但暗示了一种内在联系。

三、构造方法的重载

有一种特殊的方法重载，那就是针对构造方法的重载。对于大多数根据现实需要创建的类，重载构造方法是很常见的。构造器重载和方法重载基本相似：同一个类中要具有多个构造方法，要求多个构造方法的名字相同（因为构造方法必须与类名相同），所以同一个类中的所有构造方法的名字肯定相同；为了让系统能够区分不同的构造方法，每个构造方法的参数列表必须不同（可以参数个数不同或参数个数相同但参数类型不同）。如果重载构造方法，就可以通过不同的构造方法创建 Java 对象。

【例 4.9】构造方法的重载。

```java
public class ConstructorOverload {
    public String name;
    public int count;
    //无参构造方法
    public ConstructorOverload( ) { }
    //带两个参数的构造方法
    public ConstructorOverload ( String name，int count   ){
        this. name = name;
        this. count = count;
    }
    public static void main ( String args[]   ){
        //通过无参构造方法创建 ConstuctorOverload 类对象
        ConstructorOverload oc1 = new ConstructorOverload( );
        //通过有参构造方法创建 COnstructorOverload 类对象
        ConstructorOverload oc2 = new ConstructorOverload("Java" ，30000);
        System. out. println ( oc1. name +" " + oc1. count   );
        System. out. println ( oc2. name +" " + oc2. count   );
    }
}
```

运行结果如下：

```
null 0
Java 30000
```

在例 4.9 中，ConstructorOverload 类提供了两个重载的构造方法；这两个构造方法的名字相同，但是形参列表不同；系统通过 new 关键字调用构造方法，并通过传入的实参列表决定调用哪个构造方法。

如果系统包含了多个构造方法，则其中一个构造方法的执行体里完全包含另外一个构造方法的执行体。如果两个构造方法之间存在这种完全包含的关系，则可以在构造方法 B 中调用构造方法 A。构造方法不能直接被调用，构造方法必须使用 new 关键字来调用。一旦使用了 new 关键字调用构造方法，则系统将重新创建一个对象。为了在构造方法 B 中调用构造方法 A 中的初始化代码，又不会重新创建一个 Java 对象，可以使用 this 关键字调用相应的构造方法。

四、数据类型转换

在 Java 中，数据类型转换分为两类：基本数据类型转换和引用数据类型转换。下面重点介绍引用数据类型转换，尤其是在类的继承结构中，如何在父类与子类之间进行数据类型转换。引用数据类型转换主要包括向上转型和向下转型。在 Java 中，将子类对象自动地转换为父类对象称为向上转型，而将父类对象强制转换为子类对象称为向下转型。这些转换使得我们可以在继承体系中更灵活地操作对象。那么，是不是只要是父类变量就可以转换为子类变量呢？答案是"不是的"。数据类型转换是有条件限制的。

1. 强制类型转换

强制类型转换是指在对象的引用类型上进行显式转换，特别是在将父类的引用类型转换为子类的引用类型时。由于子类比父类包含更多的特性和行为，因此从父类到子类的转换需要显式地进行，这就是所谓的强制类型转换。

2. 向上转型

向上转型是指将一个子类对象赋值给父类引用。由于子类是从父类继承而来的，所以它包含了父类的所有特性。这意味着可以使用父类的引用来指向子类对象，而无须进行任何显式转换。

在向上转型后，尽管父类引用指向的是子类对象，但只能调用父类中声明的方法。不过，如果子类覆盖了父类的方法，那么实际调用的仍然是子类的实现版本。这就是 Java 程序运行时多态的体现。

【例 4.10】向上转型。

```java
class Animal {
    public void makeSound( ) {
        System.out.println("Animal makes a sound");
    }
}
class Dog extends Animal {
    public void makeSound( ) {
        System.out.println("Dog barks");
    }
}

class Cat extends Animal {
    public void makeSound( ) {
        System.out.println("Cat meows");
    }
}
public class Main {
    public static void main(String[] args) {
        Animal myDog = new Dog( );         //向上转型
        Animal myCat = new Cat( );         //向上转型

        myDog.makeSound( );                //输出"Dog barks"
```

```
        myCat.makeSound( );                    //输出 "Cat meows"
    }
}
```

运行结果如下：

```
Dog barks
Cat meows
```

在例 4.10 中，我们将 Dog 类和 Cat 类对象向上转型为 Animal 类。这意味着 myDog 和 myCat 是 Animal 类的引用，但实际引用的是 Dog 类和 Cat 类对象。尽管如此，调用 makeSound( ) 方法时，会根据对象的实际数据类型（Dog 类和 Cat 类）调用各自的实现版本。

向上转型的特点如下。

（1）自动进行，且无须显式地进行数据类型转换。

（2）只能调用父类中声明的方法。向上转型后，虽然引用的是子类对象，但只能调用父类中声明的方法。如果子类覆盖了父类的方法，实际调用的则是子类的实现。

（3）提高代码灵活性。向上转型允许我们编写更通用的代码，并利用多态性处理不同的子类对象。

3. 向下转型

向下转型是指将父类的引用类型强制转换为子类的引用类型。这种转换是显式的，且必须使用强制类型转换完成。向下转型的主要目的是能够访问子类中特有的方法和属性。

向下转型的前提是父类实际引用的必须是子类对象，否则会出现 ClassCastException 异常。因此，在进行向下转型之前，最好使用 instanceof 运算符来检查对象的数据类型，以确保数据类型转换的安全性。

【例 4.11】向下转型。

```
public class Main {
    public static void main(String[] args) {
        Animal myAnimal = new Dog( );          //向上转型：子类对象为父类数据类型
        if (myAnimal instanceof Dog) {         //检查对象实际数据类型

            Dog myDog = (Dog) myAnimal;        //向下转型
            myDog.makeSound( );
            Dog barks
        }
    }
}
class Dog extends Animal {
    public void makeSound( ) {
        System.out.println("Dog barks");
    }
    public void fetch( ) {
        System.out.println("Dog fetches");
    }
}
```

运行结果如下：

```
true
true
```

在例 4.11 中，myAnimal 是 Animal 类的引用，但它实际引用的是一个 Dog 类对象。在进行向下转型之前，使用 instanceof 运算符检查 myAnimal 是否是 Dog 类，如果是 Dog 类，就可以安全地将 myAnimal 转换为 Dog 类，并调用 Dog 类特有的 fetch( )方法。

注意事项：

向上转型：是安全的并会自动进行的，且子类对象作为父类对象使用。由于子类继承了父类的所有属性和方法，向上转型后只能访问父类声明的成员。

向下转型：需要显式地将父类对象转换为子类对象，且必须确保实际对象是子类数据类型，否则会出现 ClassCastException 异常。向下转型后可以访问子类中特有的成员。

任务三 抽象类

人们往往用建立抽象类的方法为一组类提供统一的界面。抽象类的概念来源于现实生活之中。例如，不同国家和地区有打扑克牌、打桥牌和打麻将牌等不同的打牌游戏，而打扑克牌又可分为升级、双扣、锄大地、斗地主等，这些打牌游戏可以归纳成一个抽象类——打牌类。

一、抽象类的定义

在 Java 中，抽象类不同于一般的类。它不能实例化对象，因为其中的动作是抽象的。例如，"打牌"是一个抽象概念，无法直接执行，但具体行为（如"打扑克牌"）是可以实现的。

抽象类是通过关键字 abstract 实现的。抽象类的定义语法格式如下：

[Modifies] abstract class ClassName {...}

其中，Modifies 是修饰符（如 public 或 protected）；abstract 是声明抽象类的关键字；class 是定义类的关键字；ClassName 是类名；大括号内的省略号表示类体部分。

抽象类的类体可以包含普通方法和抽象方法。抽象方法只声明，不能实现。抽象方法声明的语法格式如下：

[Modifies] abstract returnType methodName(parameterLists);

其中，Modifies 与上面的意义相同；abstract 是声明抽象方法的关键字；returnType 是方法的返回值类型；小括号中的 parameterLists 是形参列表。抽象方法显然不是一个完整的方法，也不能完成任何具体的功能，只是用于提供一个接口，且只有在子类中被覆盖后才可使用，因此，抽象方法只能出现在抽象类中。

二、抽象类的使用

抽象类用于描述一个抽象的概念。它通常用于提供一个通用的接口或框架，由具体的子类实现其具体功能。抽象类不能被实例化，但可以被继承。在例 4.12 中，定义了抽象类——PlayCards；声明了两个抽象方法——deal( )和 putCard( )，分别表示发牌和出牌；创建一个具体的子类 Poker来实现抽象类；oker 类覆盖了 deal( )和 putCard( )方法，提供了发牌和出牌的具体实现。

【例 4.12】抽象类的使用。

```java
public abstract class PlayCards{
    protected String cardType,                          //牌的类型
    protected String cardName;                          //牌的名称
    public PlayCards( ){}
    public PlayCards(String cardType,String cardName    ){
        this.cardType=new String(cardType);
        this.cardName=new String(cardName);
    }
    public String toString( ) {                         //以字符串的形式返回牌的类型和名称
        return"cardType= "+cardType+ "cardName= "+cardName; }
    public abstract void deal( );                       //发牌
    public abstract void putCard( );                    //出牌
}
```

```java
public class Poker extends PlayCards {
    public Poker(String cardType，String cardName) {
        super(cardType，cardName);
    }
    public void deal( ) {
        System.out.println("Dealing poker cards...");
    }
    public void putCard( ) {
        System.out.println("Putting a poker card...");
    }
    public static void main(String[] args) {
        PlayCards pokerGame = new Poker("Poker"，"Texas Hold'em");
        pokerGame.deal( );
        pokerGame.putCard( );
        System.out.println(pokerGame.toString( ));
    }
}
```

任务四　接口

接口实质上是一种特殊的抽象类，其内部只能包含常量（静态的）和方法（抽象的）。

一、接口的定义

接口的定义形式几乎与类相同，可被组织成层次结构。接口的定义语法格式如下：

```
[public] interface InterfaceName{
    //静态常量及抽象方法的声明
}
```

其中，中括号部分表示可省略部分（访问属性控制符 public 与用于修饰类的 public 意义一致）；interface 是用于定义接口的关键字；InterfaceName 是接口的名字；常量和抽象方法的声明放在一对大括号中。

在 Java 中，编译器将常量默认为 public static final 类型的静态常量，所以在定义常量时只要

给出其数据类型说明和常量名，同时为每个常量赋值即可。因为接口的方法都是抽象的，所以在定义接口的方法时，即使省略关键字 abstract，它也被默认是抽象的。下面通过例 4.13 说明如何定义一个接口。

【例 4.13】数学常数接口。

```
public interface MathInterface{
    double        PI=3.14159265359;                    //圆周率
    double        E=2.71828182846;                     //自然对数底常量 e
    double        DEGREE=0.017453293;
    double        MINUTE=0.000290888;
    double        SECOND=0.0000048481;
    double        RADIAN=57.2957795;
    double        degreeToMinute(double degree);        //度转换为分
    double        minuteToDegree(double minute);        //分转换为度
    double        minuteToSecond(double minute);        //分转换为秒
    double        secondToMinute(double second);        //秒转换为分
    double        degreeToRadian(double degree);        //度转换为弧度
    double        radianToDegree(double radian);        //弧度转换为度
}
```

在例 4.13 中，定义了 6 个静态常量（虽然都没用 public static final 修饰，但都是共有的静态常量），还定义了 6 个关于度、分、秒及弧度之间相互转换的抽象方法（虽然都没用 abstract 修饰，但都是抽象方法）。

接口也可用 UML 图表示。接口的 UML 图与类的 UML 图基本一致，只是在第一格的接口名前要加上 interface 字样。

注意：

（1）接口的方法在定义时如果没有使用限定符，则被自动转换为共有的和抽象的。

（2）不能在接口内将方法声明为私有的（private）或受保护的（protected）。

（3）接口内定义的变量必须声明为共有的、静态的和 final，或者不使用限定符。

（4）声明接口时没有加上限定符 public，接口不会自动将接口的方法转换为共有的和抽象的，也不会将其常量转换为共有的。

（5）非共有接口的方法和常量也是非共有的，且只能被同一个包的类或其他接口使用。

二、接口的继承

接口和类一样，也可以继承。不过，类仅支持单继承，而接口既支持单继承，也支持多重继承。通过继承，一个接口可以继承父接口中的所有成员。接口的继承也是通过关键字 extends 声明的。

例如，要构建一个将分、秒与弧度能直接相互转换的接口，可以在例 4.13 的接口 MathInterface 的基础上派生一个子接口，并在该子接口中添加所需扩展的抽象方法即可，这显然是一个单继承。

【例 4.14】单继承接口。

```
public interface SubMathInterface extends MathInterface{
    //分转换为弧度
    double minuteToRadian( );
    //弧度转换为分
    double RadianToMinute( );
    //秒转换为弧度
```

```
        double secondToRadian( );
        //弧度转换为秒
        double radianToSecond( );
}
```

在例 4.14 中，通过继承，在子接口 SubMathInterface 中不仅定义了 4 个方法，而且也继承了父接口 MathInterface 中的所有常量和方法。

三、多重继承接口

多重继承接口是指一个接口可以同时继承两个或两个以上的接口。在子接口中，就可继承每个父接口中的常量和抽象方法，同时也可添加全新的常量或抽象方法。多重继承接口的定义形式与单继承接口的定义形式极其相似，只需在单继承接口的定义形式上，在每个父类名之间用逗号隔开即可。在例 4.15 中，先定义了一个物理常量接口 PhysicalInterface，再定义一个子接口 SubMPInterface，使得 SubMPInterface 同时继承数学常数接口 MathInterface 和物理常量接口 PhysicalInterface。为简化起见，在 PhysicalInterface 中仅给出两个物理常量，而没有方法，这是可行的。在子接口 SubMPInterface 中，添加了一个物理常量国际马力 HORSEPOWER，还添加了一个弧度转换为秒的方法 radianToSecond( )。

【例 4.15】物理常量接口。

```
//文件  PhysicalInterface. java
public interface PhysicalInterface{
        double g=9.8;
        double CAL0RIE=4.2;
}
//文件 SubMPInterface. java
public interface SubMPInterface extends MathInterface，PhysicalInterface{
        double HORSEPOWER=735;
        double radianToSecond( );                        //弧度转换为秒
}
```

通过继承，子接口 SubMPInterface 不仅拥有了自身所定义的一个共有静态常量和一个抽象方法，而且也继承了父接口 MathInterface 和 PhysicalInterface 的所有常量和方法。

（1）如果两个方法的特征标相同，可以在类中实现一个方法，其定义可以满足两个接口。

（2）如果方法的参数不相同，则实现方法的重载，分别实现两种方法的特征标。

（3）仅当形参列表不同时，才能进行方法重载。因此，如果方法的形参列表相同而返回值不同，则无法创建一个能够满足两个接口的方法。

四、接口的实现

定义抽象类和定义接口都是为了使用。要使抽象类发挥功能，必须通过抽象类派生出一个非抽象子类，并在该子类中覆盖掉父类中的所有抽象方法。显然，通过派生子接口是无法使接口发挥其功能的，因为派生子接口还是接口，不能实例化对象。在 Java 中，要使接口发挥其功能，需要定义一个普通类，并在这个类中覆盖掉接口中的所有方法，以便将其完善，这被称为某个类对接口的实现。实现接口是通过关键字 implements 来声明的。类实现接口后，其子类将继承这些新的方法（可以覆盖或重载它们），就像超类定义了这些方法一样。例 4.16 实现了例 4.13 中接口

MathInterface 的类的定义。

【例 4.16】实现了数学常数接口 MathInterface 的类。

```
public class MathClass implements MathInterface{
    //实现了接口 MathInterface
    double degreeToMinute(double degree){          //度转换为分
        return degree*60;
    }
    double minuteToDegree(double minute){          //分转换为度
        return minute/60;
    }
    double minuteToSecond(double minute);{         //分转换为秒
        return minute*60;
    }
    double secondToMinute(double second){          //秒转换为分
        return second/60;
    }
    double degreeToRadian(double degree){          //度转换为弧度
        return degree* DEGREE;                     //DEGREE 来源于接口 MathInterface
    }
    double radianToDegree(double radian){          //弧度转换为度
        return radian* RADIAN;                     //RADIAN 来源于接口 MathInterface
    }
}
```

在例 4.16 中，MathClass 是类名；implements 是用于实现接口的关键字；MathInterface 是所要实现的接口名字。在类的定义中，实现了接口 MathInterface 中的所有抽象方法。此时，类 MathClass 就是一个普通类，且用它可以实例化对象。

注意： 在定义一个类来实现接口时，需要在类中覆盖掉接口中的所有方法，而不能有选择地实现其中的某些方法，否则只能将该类定义成一个抽象类。

项目小结

本项目进一步介绍了 Java 中面向对象编程的相关知识，主要包括类的继承和多态的实现，以及抽象类和接口的定义与使用。

学习本项目时，大家应着重掌握以下一些知识。

（1）在使用子类创建对象时，可以利用子类对象名直接引用父类中的成员变量和成员方法，这被称为成员变量和方法的继承。

（2）如果在子类中重定义了某个父类中的成员变量，则使用子类创建对象时，子类中的方法操作的是子类中的成员变量，而父类中的方法操作的是父类中的成员变量，这被称为成员变量的隐藏。

（3）如果在子类中重新定义了父类中的某个方法，则利用子类创建对象时，父类中的同名方法将被覆盖。也就是说，无论是子类还是父类，其他方法调用本方法时，实质上调用的都是子类中的方法。

（4）使用子类创建对象时，父类的无参构造方法总是优先被执行的，这被称为构造方法的继承。当然，也可以利用 super 关键字显式调用父类的其他构造方法。

（5）在 Java 中，可以将基于子类创建的对象声明为父类对象，或者说可以将基于子类创建的对象赋值给父类对象，这对实现程序的多态性非常有用。

（6）多态可以理解为"一个对外接口，多个内在实现方法"。它可以通过方法覆盖和重载方法来实现。其中，重载方法是指多个方法的名字相同，但方法参数的个数、类型或顺序有区别，并且其返回值数据类型也可以不同。在调用这类方法时，系统会自动依据参数情况来决定调用哪个方法。

（7）抽象类和接口主要功能都是使程序的功能描述和功能实现分离，并且一个功能描述可以对应多个实现方法，从而实现了程序的多态性。

（8）抽象类除了可以包含抽象方法外，其他性质与普通类完全相同。抽象类自身不能实例化。抽象方法的实现应通过其派生子类完成。

（9）接口是更严格的抽象类，其中只能包含 public static final 静态常量和抽象方法。

（10）一个子类只能继承一个抽象类，但可以继承多个接口，这实现了程序设计中的多继承关系。

思考与练习

一、选择题

1. 下面关于方法覆盖的正确说法是（　　）。

    A. 发生方法覆盖时返回值数据类型不一定相同

    B. 子类可以覆盖父类中定义的任何方法

    C. 方法覆盖不一定发生在父类与子类之间

    D. 子类不能覆盖父类的静态方法

2. 下面关于抽象类和抽象方法的正确说法是（　　）。

    A. 抽象类中至少有一个抽象方法

    B. 抽象类中只能定义抽象方法

    C. 利用抽象类也可以创建对象

    D. 有抽象方法的类一定是抽象类

3. 下面关于接口的正确说法是（　　）。

    A. 接口中可以定义实例方法

    B. 接口中可以定义各种形式的成员变量

    C. 接口也可以实例化

    D. 接口中的方法都为抽象方法

4. 下面程序的运行结果是（　　）。

```
class Pclassx {
    protected void f( ){
    System.out.print("A 's method! " );
    }
}
public class Temp2 extends Pclassx {
    protected void f( ){
    System. out.println("B 's method!" );
```

```
        }
}
```

A．A's method!   B．A's method! B's method!

C．B's method!   D．B's method! A's method!

二、简答题

1．覆盖与重载方法有什么区别？

2．什么是多态？如何实现多态？

3．类和抽象方法是如何定义的？

4．怎样定义接口和实现接口？

5．类和接口有什么区别？

三、编程题

1．定义一个 Person 类和它的子类 Employee。Person 类有姓名、地址、电话号码和电子邮箱，定义一个方法 showMessage( )用于输出输入的信息。Employee 类有办公室、工资和受聘日期，定义一个方法 showMessage( )用于输出雇员的信息。将 Employee 类定义为 public 类，在其 main( )方法中分别基于父类和子类创建两个对象，并分别为父类和子类的成员变量赋值，然后分别调用父类和子类的 showMessage( )方法来输出信息。

2．模仿本项目中的例子，将其中的抽象类改为接口，然后基于接口派生出若干子类，以分别计算三角形、长方形和椭圆的面积。

项目五

数组和字符串

任务一　数组

数组与原始数据类型之间存在较多的联系，而字符串、类、接口等复合数据类型则与面向对象的联系更加紧密。

一、数组概述

数组是一组相同数据类型的变量或对象的集合。数组可以是基本数据类型，也可以是类、接口或字符串等复合数据类型。在数组中，所有数组元素的数据类型必须相同，且数组元素可以通过"数组名[下标]"访问。数组下标（数组的索引）从 0 开始。

数组是一种特殊的对象。在 Java 中，可以定义（声明）数组数据类型，创建数组（分配内存空间），释放数组（Java 虚拟机完成）。

数组用途广泛。数组提供了一种把相关变量集合在一起的便利方法。数组的主要优势在于它可以用一个变量名代表多个数据，从而达到轻松组织和操作数据的目的。

数组分为一维数组、多维数组。

注意：

（1）数组的数据类型是数组元素的数据类型（可以是基本数据类型或引用数据类型）。

（2）数组名是一个标识符。

（3）数组声明后还不能被访问，因为没有为数组元素分配内存空间。

二、一维数组

1. 一维数组的声明和创建

一维数组元素只有一个下标，如 ary[1]。

声明一维数组的语法格式有以下两种。

第一种：

数据类型　数组名[];

例如：

```
int ary[];
```

第二种：

```
数据类型[] 数组名;
```

例如：

```
int[] ary;
```

创建一维数组的语法格式如下：

```
数据类型[] 数组名 =new 数据类型[数组长度];
```

例如：

```
int[] ary = new int[3];
```

可以同时声明和创建一维数组。例如：

```
int[] ary;
ary = new int[3];
```

在 Java 中，所有的数组元素都有默认的初始值。不同数据类型的数组元素默认初始值如表 5.1 所示。

表 5.1　不同类型的数组元素默认初始值

数 据 类 型	初 始 值	示 例
整型	0	int[] i = new int[3]
实型	0.0	float[] f = new float[3]
布尔型	false	boolean[] b = new boolean[3]
字符型	\u0000（不可见）	char[] c = new char[3]

一维数组的声明、创建与赋默认初始值见例 5.1。其中，数组的 length 属性表示数组长度。数组长度是指数组里数组元素的个数。

【例 5.1】一维数组的声明、创建与赋默认初始值。

```java
public class ArrayTest1 {
    public static void main(String[] args) {
        int[] i = new int[3];
        float[] f = new float[3];
        boolean[] b = new boolean[3];
        char[] c = new char[3];
        for(int j = 0; j < i.length; j++)
            System.out.println(i[j]);
        for(int j = 0; j < f.length; j++)
            System.out.println(f[j]);
        for(int j = 0; j < b.length; j++)
            System.out.println(b[j]);
        for(int j = 0; j < c.length; j++)
            System.out.println(c[j]);
    }
}
```

运行结果如下：

```
0
0
0
0.0
0.0
0
false
false
false
```

2. 一维数组的初始化

一维数组的初始化有以下两种方式。

方式 1：先声明数组，然后对数组初始化，见例 5.2。

【例 5.2】一维数组的初始化。

```
public class ArrayTest2 {
    public static void main( String[] args ){
    int[] a = new int[5];
        System.out.println("\t 输出一维数组 a： ");
        for(int i = 0; i < 5; i++){
            a[i] = i+1 ;
            System.out.println("\ta[" + i +"]= "+ a[i]);
        }
    }
}
```

运行结果如下：

```
输出一维数组 a：
a[0]=1
a[1]=2
a[2]=3
a[3]=4
a[4]=5
```

方式 2：在声明数组的同时对数组初始化，见例 5.3，其语法格式如下：

```
类型[]数组名 ={元素 1[,元素 2... ]};
类型[]数组名 = new 数据类型 []{元素 1 [,元素 2...]};
```

例如：

```
int[] ary = {1, 2, 3, 4, 5};
int[] ary = new int[]{ 1, 2, 3, 4, 5};
```

【例 5.3】对一维数组声明的同时进行初始化。

```
public class ArrayTest3 {
    public static void main( String[] args ){
        int[]    a = {1,2,3,4,5};
        System.out.println("\t 输出一维数组 a： " );
        for(int i = 0; i < 5; i++)
            System.out.println("\ta[" + i + "]= " + a[i]);
    }
}
```

运行结果如下：

```
输出一维数组 a:
a[0]=1
a[1]=2
a[2]=3
a[3]=4
a[4]=5
```

数组的赋值有以下几种方式。

方式 1：对数组进行整体赋值，见例 5.4。

【例 5.4】数组的整体赋值。

```java
public class ArrayTest4 {
    public static void main(String[] args) {
        int a[] = {2, 4, 6, 8};
        int[] b;
        int[] c = {1, 3, 7};
        b = a;
        c = a;
        for(int j = 0; j < a.length; j++)
            System.out.print(a[j] + " ");
        System.out.println( );
        for(int j = 0; j < b.length; j++)
            System.out.print(b[j] + " ");
        System.out.println( );
        for(int j = 0; j < c.length; j++ ){
            System.out.print(c[j] + " ");
        }
    }
}
```

运行结果如下：

```
2 4 6 8
2 4 6 8
2 4 6 8
```

方式 2：对数组进行复用（Reuse），例 5.5。

【例 5.5】数组的复用。

```java
public class ArrayTest5 {
    public static void main(String[] args) {
        int[] array = {32, 87, 3, 589, 12, 1076, 2000};
        for(int i = 0; i < array.length; i++)
            System.out.print(array[i] + " ");
        array = new int[4];
        for(int i = 0; i < array.length; i++)
            array[i] = i + 1;
        System.out.println( );
        for(int i = 0; i < array.length; i++)
            System.out.print(array[i] + " ");
    }
}
```

运行结果如下：

32 87 3 589 12 1076 2000
1 2 3 4

方式 3：用 java.lang.System 类的 arraycopy( )方法进行数组复制。

java.lang.System 类的 arraycopy( )方法具体描述如图 5-1 所示。

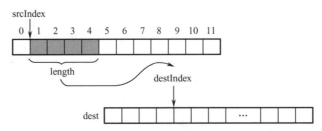

图 5-1 java.ang.ystem 类的 arraycopy( )方法具体描述

一维数组的复制见例 5.6。

【例 5.6】一维数组的复制。

```java
public class ArrayTest6 {
    public static void main(String[] args) {
        int[] a = {2, 4, 6, 8};
        int[] b;
        int[] c = {1, 3, 5, 7, 9};
        b = a;                              //b 指向 a 的引用
        System.arraycopy(a, 1, c, 0, 3);    //将 a 中的部分元素复制到 c 中
        System.out.print("数组 a: ");
        for (int i = 0; i < a.length; i++) {
            System.out.print(a[i] + " ");
        }
        System.out.println( );
        System.out.print("数组 b: ");
        for (int i = 0; i < b.length; i++) {
            System.out.print(b[i] + " ");
        }
        System.out.println( );
        System.out.print("数组 c: ");
        for (int i = 0; i < c.length; i++) {
            System.out.print(c[i] + " ");
        }
        System.out.println( );
    }
}
```

运行结果如下：

数组 a: 2 4 6 8
数组 b: 2 4 6 8
数组 c: 4 6 8 7 9

三、多维数组

多维数组是指具有多行和多列的数组。在实际应用中，二维数组比较常见（如表 5.2 所示）。二维数组的元素有一个行下标和一个列下标，如 ary[1][3]。

表 5.2　学生成绩

姓　　名	期中考试分数	期末考试分数	平 均 分 数
A	60	70	65
B	70	80	75
C	80	90	85

下面对二维数组进行介绍。

1．二维数组的声明

二维数组声明的语法格式如下：

数据类型　数组名[][];

例如：

int a[][];

二维数组声明后还不能被访问，这是因为没有为数组元素分配内存空间。

2．二维数组的创建

方法 1：直接分配空间（new）。例如：

int a[][] = newint[2][3];

上面声明了一个 2 行 3 列的二维数组，包含 6 个元素：

a[0][0]	a[0][1]	a[0][2]
a[1][0]	a[1][1]	a[1][2]

方法 2：从最高维开始，为每一维分配空间，如：

to c[][] = new int[2][]; c[0] = new int[4]; c[l] = new int[3];

上面声明的二维数组表示的是：

c[0][0]	c[0][1]	c[0]p]c[0][3]
c[1][0]	c[1][1]	c[1][2]

注意：二维数组声明时可以省略列下标，但不能省略行下标，因此，以下的二维数组的声明是错误的：

int b[][] = new int[][];
int b[][] = new int[][2];

3．二维数组的初始化

对每个数组元素单独进行赋值，例如：

int[][] aiy=new int[2][2];
ary[0][0] = 10;
ary[0][1] =20;
ary[1][0] = 30;
ary[1][1] =40;

声明数组的同时初始化，例如：

```
int[][] ary = new int[][]{{10,20},{30,40}};
int[][] ary = {{1,2,3}，{3,4,5}}；
String[][] cartoons = {{"Flint"，"Fred"，"Wim"，"Pebbles"，"Dino"},
        {"Rub"，"Bam"，"Bet"，"Bam"},
        {"Jet"，"Geo"，"JaneM"，"Elroy"，"Judyn"，"Rosie"，"Astro"},
        {"Sco"，"Sco"，"Shag"，"Velma"，"Fred"，"Dap "}};
```

二维数组初始化的应用见例 5.7。

【例 5.7】在二维数组中，对每个数组元素单独进行赋值。

```java
public class ArrayTest7 {
    public static void main(String[] args) {
        int a[][] = new int[3][3];
        a[0][0] = 1;
        a[1][1] = 1;
        a[2][2] = 1;
        System.out.println("数组 a：");
        for(int i = 0; i < a.length; i++) {
            for (int j = 0; j < a[i].length; j++)
                System.out.print(a[i][j] + " ");
            System.out.println( );
        }
    }
}
```

运行结果如下：

```
数组 a：
1 0 0
0 1 0
0 0 1
```

在实际中，经常要用到与数组有关的一些操作，包括数组元素的搜索与排序等。读者可以自己用 Java 写出数组元素的搜索、插入和排序的代码。

任务二　字符串

在程序设计中，字符串是重要的部分。在之前的程序代码中其实已经使用过字符串。例如，语句 "System.out.println("helloworld! ");" 中的"helloworld!"即为一个字符串。在 Java 中，定义了 String 类、StringBuffer 类用于字符串的操作。本书重点介绍 String 类。

可以使用 String 类对象存储字符串的内容。一个 String 类对象一旦被创建，将不能被修改，所以 String 类常称为不变的字符串类。String 类主要用于检索字符串、两个字符串的比较等操作。下面将介绍 String 类中的常用方法。

1．创建字符串

通过使用 String 类中的方法可以创建字符串。String 类中的方法提供了多种重载形式。表 5.3 列出了部分 String 类中的方法。

表 5.3 部分 String 类中的方法

方 法	说 明
public String ( )	创建一个空的字符串
public String(String s)	用已有字符串创建新的字符串
public String(char value[])	用已有字符数组初始化新的字符串
public String(StringBuffer buf)	用 StringBuffer 对象的内容初始化新的字符串

从表 5.3 中可以看出，可以创建空的字符串（不含任何字符），也可以根据已有的字符串创建新的字符串，还可以通过字符数组以及 StringBuffer 类对象创建新的字符串。例如：

String s = new String("hello"); 或 String s ="hello ";

注意：字符串常量在 Java 中也是以对象形式存储的。在 Java 编译时，将自动对每个字符串常量创建一个对象。因此，当将字符串常量传递给方法时，将自动将常量对应的对象传递给方法参数。

2．比较两个字符串

在 Java 中，对象本身实际上是引用变量；当使用运算符"=="进行两个对象的比较时，仅仅比较的是两个对象是否为同一类实例的引用。此外，要比较两个对象各自引用的实例内容是否相同，系统专门在 Object 类中提供了 equals( )方法供子类重载。String 类重载了该方法，用于比较两个字符串对象中的内容是否相同。此外，Java 对字符串的比较还提供了其他方法，如表 5.4 所示。

表 5.4 比较字符串的方法

方 法	描 述
boolean equals(Object str)	比较当前字符串与指定字符串的内容是否相同，如果相同则返回 true，否则返回 false
int compareTo(String str)	比较当前字符串与指定字符串的值，如果大于则返回值大于 0，如果小于则返回值小于 0，如果等于则返回值为 0
boolean equalsIgnoreCase(String str)	比较当前字符串与指定字符串的内容在忽略字母大小写时是否相同，如果相同则返回 true，否则返回 false

【例 5.8】字符串的创建和比较方法。

```
public class StringTest {
    public static void main(String[] args) {
        String s1 = "Hello";
        String s2 = "Hello";                    //s2 和 s1 引用同一个常量字符串"Hello"
        String s3 = new String("hello");
        char[] charArray = {'H', 'e', 'l', 'l', 'o'};
        String s4 = new String(charArray);

        System.out.println("s1=" + s1);
        System.out.println("s2=" + s2);
        System.out.println("s3=" + s3);
        System.out.println("s4=" + s4);
```

```
        //使用 == 进行比较
        if (s1 == s2) {
            System.out.println("s1 == s2");
        } else {
            System.out.println("s1 != s2");
        }
        if (s1 == s3) {
            System.out.println("s1 == s3");
        } else {
            System.out.println("s1 != s3");
        }
        if (s1 == s4) {
            System.out.println("s1 == s4");
        } else {
            System.out.println("s1 != s4");
        }

//使用 equals( )方法进行比较
        if (s1.equals(s3)) {
            System.out.println("s1 和 s3 的字符串相同");
        } else {
            System.out.println("s1 和 s3 的字符串不相同");
        }
        if (s1.equals(s4)) {
            System.out.println("s1 和 s4 的字符串相同");
        } else {
            System.out.println("s1 和 s4 的字符串不相同");
        }
        //忽略字母大小写进行比较
        if (s1.equalsIgnoreCase(s3)) {
            System.out.println("s1 和 s3 的字符串忽略字母大小写相同");
        } else {
            System.out.println("s1 和 s3 的字符串忽略字母大小写不相同");
        }
        //字符串比较
        if (s1.compareTo(s3) < 0) {
            System.out.println("s1 < s3");
        } else if (s1.compareTo(s3) > 0) {
            System.out.println("s1 > s3");
        } else {
            System.out.println("s1 == s3");
        }
    }
}
```

运行结果如下：

```
s1=Hello
s2=Hello
s3=hello
s4=Hello
s1==s2
s1!=s3 s1!=s4
```

s1 和 s3 的字符串不相同
s1 和 s4 的字符串相同
s1 和 s3 的字符串忽略字母大小写相同 s1<s3

3．求字符串长度

可以通过 length( )方法获得当前字符串对象中字符的个数。

定义：int length( )。

功能：返回当前字符串的长度。

说明：求字符串长度是一个方法，和之前学过的求数组长度 length 属性不要混淆。

4．字符串的连接

将两个字符串连接成一个字符串，可以通过 StringBuffer 类的 append( )方法、String 类的 concat( )方法和"+"运算符实现。

1）concat( )方法

定义：String concat(String str)。

功能：创建了一个新字符串对象，其内容为在当前字符串的内容之后连接 str 的内容。

说明：创建的新字符串对象作为函数的返回值，原字符串内容保持不变。例如：

```
String s1= "I love ";
Strings2=sl.concat("China! " );            //执行后，s2 的内容为 I love China!，s1 仍是 I love
```

2）"+"运算符

"+"运算符不但可以对两个数值进行加法运算，还可以实现字符串与字符串、字符串与一个对象或基本数据类型的数据的连接。例如：

```
String s1="10+20=";
s1=s1+(10+20);
```

上述代码执行后，s1 为 10+20=30。其执行过程：先对括号内 10+20 进行计算，由于"+"两侧为数值型，所以+被视为加法符号，结果为 30，然后将字符串"10+20="与 30 进行连接，形成字符串"10+20=30"；如果将括号去掉，变为 s1=sl+10+20，则先执行 s1+10，此时，"+"被视为连接符，首先得到字符串"10+20=10"，然后再和 20 进行连接，s1 就成为 1020。

5．字符串的查找

在 String 类中，提供了从字符串中查找字符及字符串的方法 indexOf( )、lastIndexOf( )，这两个方法有多种重载形式，如表 5.5 所示。

表5.5　查找字符串的方法

方　　法	描　　述
int indexOf(int ch)	在当前字符串中查找字符 ch，从开始位置向后找，并返回第一个找到的字符位置，如果未找到，则返回值为-1
int indexOf(int ch, int fromIndex))	从当前字符串的 fromIndex 位置开始往后查找字符 ch，并返回第一个找到的字符位置，如果未找到，则返回值为-1
int indexOf(String str)	在当前字符串查找子字符串 str，从字符串的第一个位置开始向后找，并返回第一个找到的子字符串位置，如果未找到，则返回值为-1

方　　法	描　　述
int indexOf(String str, int fromIndex))	从当前字符串的 fromIndex 位置开始往后查找子字符串 str，并返回第一个找到的子字符串位置，如果未找到，则返回值为-1
int IastIndexOf(int ch)	在当前字符串中查找字符 ch，从结尾位置向前找，并返回第一个找到的字符位置，如果未找到，则返回值为-1
int lastIndexOf(int ch, int fromIndex))	从当前字符串的 fromIndex 位置开始往前查找字符 ch，并返回第一个找到的字符位置，如果未找到，则返回值为-1
int lastIndexOf(String str)	在当前字符串查找子字符串 str，从结尾位置向前找，并返回第一个找到的子字符串位置，如果未找到，则返回值为-1
int lastIndexOf(String str, int fromIndex))	从当前字符串的 fromIndex 位置开始往前查找子字符串 str，并返回第一个找到的子字符串位置，如果未找到，则返回值为-1

注意：

字符串对象的每一个字符都有一个位置序号。在字符串中查找字符时，从字符位置序号 0 开始依顺序执行。在字符串中查找字符和字符串见例 5.9。

【例 5.9】在字符串中查找字符和字符串。

```java
public class StringSearchExample {
    public static void main(String[] args) {
        String s = "I love you, China!";
        int i = s.indexOf('o');
        if (i == -1) {
            System.out.println(s + "不包含字符 o");
        } else {
            System.out.println("字符 'o' 第一次出现在 \"" + s + "\" 中的索引为：" + i);
        }
        i = s.lastIndexOf('o');
        if (i == -1) {
            System.out.println(s + "不包含字符 o");
        } else {
            System.out.println("字符 'o' 在 \"" + s + "\" 中最后一次出现的索引为：" + i);
        }
        i = s.indexOf("you");
        if (i != -1) {
            System.out.println(s + "中包含 \"you\"");
        } else {
            System.out.println(s + "中不包含 \"you\"");
        }
    }
}
```

运行结果如下：

```
字符 'o' 第一次出现在 "I love you, China!" 中的索引为：3
字符 'o' 在 "I love you, China!" 中最后一次出现的索引为：8
I love you, China!中包含 "you"
```

6. 字符串的替换

通过表 5.6 的方法，可以将原字符串中部分内容替换为新的内容，从而创建出一个新字符串。

表 5.6　字符串内容替换的方法

方　　法	描　　述
String replace(cha roldchar,char newchar)	创建新字符串，将原字符串中所有 oldchar 字符换为 newchar
String replaceAll(String regex,String replacement)	创建新字符串，将原字符串中所有与正则式 regex 匹配的子字符串用字符串 replacement 替换

7. 求子字符串中的字符

求子字符串的方法如表 5.7 所示。

表 5.7　求子字符串的方法

方　　法	描　　述
char charAt(int Index)	返回指定位置的字符
String substring(int beginIndex, int endIndex)	返回从 beginIndex 位置开始到 endIndex-1 位置结束的子字符串
String substring(int beginIndex)	返回从 beginIndex 位置开始到当前字符串结尾位置的子字符串

8. 前缀和后缀的处理

前缀和后缀的处理方法如表 5.8 所示。

表 5.8　前缀和后缀的处理方法

方　　法	描　　述
boolean startsWith(String prefix)	判断参数字符串是否为当前字符串的前缀
boolean endsWith(String prefix)	判断参数字符串是否为当前字符串的后缀
String trim( )	将当前字符串去除前导空格和尾部空格后的结果作为返回字符串

注意：一旦创建 String 类对象，其值和长度都不会变化。在 String 类的所有方法中，凡是修改字符串内容的方法，都会创建新的字符串对象来保存修改后的字符串。

【例 5.10】将英语的肯定句变为疑问句，并把句子分解为单词。

```java
public class SentenceConversion {
    public static void main(String[] args) {
        String s = "I love China!";
        String s1, s2;
        int i = s.indexOf("China");
        if (i == -1) {
            System.exit(0);
        }
        if (s.startsWith("I")) {
            s1 = s.replace("I ", "Do you ");
            if (s1.endsWith("!")) {
                s2 = s1.replace('!', '?');
            } else {
                s2 = s1;
            }
        } else {
            s2 = s;
```

```
        }
        //以上代码将肯定句变为疑问句
        System.out.println(s2 + " 是由下列单词组成的: ");
        int j = 0;
        while ((i = s2.indexOf(' ')) != -1) {
            System.out.print(s2.substring(0, i) + ",");
            s2 = s2.substring(i + 1).trim( );
            ++j;
        }
        //输出最后一个单词
        System.out.print(s2);
        ++j;
        System.out.println("\n 共有 " + j + " 个单词! ");
    }
}
```

运行结果如下:

Do you love China? 是由下列单词组成的 Do,you,love,China
共有 4 个单词!

项目小结

本项目首先重点介绍了一维数组的创建和使用方法,并且通过二维数组的学习熟悉了多维数组的创建和使用方法,最后介绍了 String 类、StringBuffer 类以及这两个类常用的方法。

总体而言,本项目的内容比较简单。大家需要特别注意的是:数组在作为参数时,实参与形参之间传递的是引用(也就是地址),因此在方法中修改形参时会同时改变实参的内容。

思考与练习

一、选择题

1. 下面是关于数组的声明,其中正确的是(　　)。

   A. int i = new int( );   B. doubled[] = new double[30];

   C. char[] c = new char(1 ...30);   D. int[][] i= new int[][3]

2. 下面表达式中,用来访问数组 a 中第一个元素的是(　　)。

   A. a[1]   B. a[0]   C. a.1   D. a.0

3. 数组作为参数传递的是(　　)。

   A. 值   B. 引用   C. 名称   D. 以上都不对

4. 将字符串 a 由大写字母变成小写字母的方法是(　　)。

   A. A.toUpperCase( )   B. A.toLowerCase( )

   C. a.toUpperCase( )   D. a.toLowerCase( )

5. 比较两个字符串内容是否相等,正确的方法是(　　)。

   A. s==s1   B. s.equals(s1)

   C. s.compareTo(s1)   D. s.equalsIgnoreCase(s1)

6．执行"StringBuffer s1=new StringBuffer("abc");s1.insert(1, "efg");"的正确结果是（ ）。

    A．s1= "abcefg "   B．s1= "abefgc "

    C．sl= "efgabc "   D．sl= "aefgbc "

二、简答题

1．如何创建数组？

2．如何访问数组中的元素？

3．怎样将数值型数据转换为一个字符串？

4．怎样将字符串转化为相应的数值型数据？

5．String 类和 StringBuffer 类有什么区别？

三、编程题

1．编写一个程序，找出一维数组中数组元素的最大值、最小值及其差值。

2．编写一个程序，将一维数组中数组元素顺序倒置。例如，将数组元素的顺序由 1、2、3 倒置为 3、2、1。

3．定义一个二维数组，然后利用属性 length 输出数组的行数和列数。

4．编写一个程序，使用 StringBuffer 类对象实现对字符串的编辑操作，包括替换字符串中的某些字符，在字符串中插入或尾部加入新的字符串。

项目六

异常处理

在编程中，不可避免地要处理错误。编程人员和编程工具处理错误的能力在很大程度上影响着编程工作的效率和质量。到目前为止，前面项目里的程序没有包含处理异常的代码。如果程序在运行过程中发生了异常，那么系统就会以相应的错误信息终止程序的执行。如果因为程序的错误或者某些外部因素导致系统终止而丢失数据，那程序就无法满足用户的需求。为避免类似情况发生，在程序发生异常时，程序应该做到：

（1）通知用户程序出现了一个错误。

（2）保存全部工作。

（3）允许用户安全地退出程序。

对于异常的情况，如可能造成程序崩溃的错误输入信息，Java 使用"异常处理"的错误捕获机制来处理。

任务一　异常和异常类

异常是指发生在正常情况以外的事件，如用户输入错误信息、除数为 0、需要的文件不存在、文件打不开、数组下标越界、内存不足等。程序在运行过程中发生这样或那样的异常是不可避免的。然而，一个好的应用程序，除应具备用户要求的正常功能外，还应具备能预见程序执行过程中可能产生的各种异常的能力，并把处理异常的功能包括在客户程序中。也就是说，在设计程序时，要充分考虑各种意外情况，不仅要保证应用程序的正确性，还应该具有较强的容错能力。这种对异常情况给予恰当的处理技术就是异常处理。

用任何一种编程语言设计的程序在运行时都可能出现各种意想不到的事件或异常的情况。异常的处理通常有以下两种方法。

（1）系统本身直接检测程序中的错误，并在检测到错误时终止程序运行。

（2）由程序员在程序设计中加入处理异常的功能。它又可以进一步分为没有异常处理机制的程序设计语言中的异常处理和有异常处理机制的程序设计语言中的异常处理两种。

在没有异常处理机制的程序设计语言中进行异常处理，通常是在程序设计中使用 if...else 或 switch...case 等语句来预设所能设想到的异常，以捕捉程序中可能发生的异常。在使用这种异常处理方式的程序中，对异常的监视、报告和处理的代码与程序中完成正常功能的代码交织在一起，即在完成正常功能的程序的许多地方插入与处理异常有关的程序块。这种处理方式虽然在异常的发生点就可以看到程序如何处理异常，但干扰了人们对程序正常功能的理解，使程序的可读性和可维护性下降，并且由于人的思维限制，常常会遗漏一些意想不到的异常。

Java 的特色之一是具有异常处理机制。Java 采用面向对象的异常处理机制。在 Java 中，通过异常处理机制，可以预防错误的程序代码或系统错误所造成的不可预期的结果发生；可以在异常发生时尝试恢复异常发生前的状态或对这些错误结果做一些善后处理；可以减少编程人员的工作量，增加程序的灵活性，增强程序的可读性和可靠性。

在 Java 中，预定义了很多异常类，每个异常类都代表了相应的错误；当异常发生时，如果存在一个异常类与此异常相对应，系统将自动生成一个异常类对象。

所有的异常类都是从 Throwable 类派生而来的。Throwable 类被包含在 java.lang 包中。Java 异常类的层次结构如图 6-1 所示。

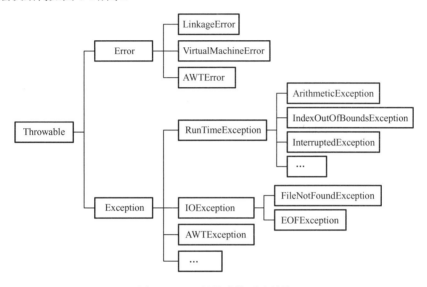

图 6-1　Java 异常类的层次结构

Throwable 类不能直接使用。在 Throwable 类中，定义了方法来检索与异常相关的错误信息，并且打印显示异常发生的栈跟踪信息。Throwable 类包含两个直接子类：Exception 类和 Error 类。

Error 类及其所有子类异常为严重的运行错误，比如内存溢出，且该错误一般无法在程序中进行恢复和处理。因此，一般不会用到 Error 类。在 Exception 类及其所有子类中，定义了所有能够被程序恢复和处理的标准异常。在编程中，我们要处理的异常主要是这一类。Exception 类拥有两个构造方法：publicException( )和 public Exception(Strings)。

Exception 类的所有子类包括 RunTimeException 类和其他类。

RunTimeException 类异常是程序错误引起的，如数组下标越界、空对象引用。只要程序不存在错误，这类异常就不会产生。其他类异常不是由程序错误引起的，而是由运行环境的异常、系统的不稳定等原因引起的，应该被主动处理。表 6.1 列出了常见的系统预定义异常类。

表 6.1　常见的系统预定义异常类

Exception 类的子类	说　明
ArithmeticException	算术错误，如被 0 除
ArrayIndexOutOfBoundsException	数组下标引用越界
ArrayStoreException	试图在数组中存放错误的数据类型
FileNotFoundException	访问的文件不存在

Exception 类的子类	说　明
IOException	输入、输出错误信息
NullPointerException	引用空对象
NumberFormatException	字符串和数字转换错误
Security Exception	Applet 程序试图执行浏览器不允许的操作
OutOfMemoryError	内存溢出
StackOverflowError	堆栈溢出
StringlndexOutOfBoundsException	试图访问字符串中不存在的字符

【例 6.1】当除数为 0 时引起的异常。

```
public class TestArithmeticException {
    public static void main( String[] args ){
        int a,b,c;
        a=67; b=0; c=a/b;
        System.out.println(a+ "/"+b+ "= "+c   );
    }
}
```

运行结果如下：

Exception in thread " main "java. lang. ArithmeticException : /by zero at TestArithmeticException.main (TestArithmeticException.java.7)

任务二　已检查异常和未检查异常

在 Java 规范中，将任何 Error 类的子类及 RunTimeException 类的子类异常都称为未检查（unchecked）异常，而其他类异常都称为已检查（checked）异常。

在 Java 程序中，无论何时使用 java.io 包中类的输入或输出方法，都会使用 throwsI 语句。如果这些方法头没有包括 throws 语句，编译器就将生成语法错误。如果在程序执行期间发生被 0 除或者数组索引出界等异常，那么程序以相应的错误信息被终止。对于这类异常，方法头无须包括 throws 语句。所以，在程序中，哪些类型的异常需要在方法头中包括 throws 语句呢？

IOException 类异常是已检查异常。由于 System.in.read 方法可能会引发 IOException 类异常，因而抛出的是已检查异常。当编译器遇到这些方法调用时，会检查程序是否处理 IOException 类异常，或抛出异常报告。启用编译器检查 IOException 类或其他类异常，可以帮助程序减少不能正确处理异常的数量。到目前为止，由于前面的程序不要求处理 IOException 类或其他类异常，所以程序会抛出异常报告。

在编译程序时，被 0 除或索引出界等异常（未检查异常）不会被编译器检查出。于是，为了提高程序的正确性，编程人员必须检查这类异常。

由于编译器不检查未检查异常，所以程序无须使用 throws 语句声明它们，也不需要在程序中提供代码来处理它们。属于 RuntimeException 类的子类异常是未检查异常。如果在程序中没有处理未检查异常的代码，那就由 Java 的默认异常处理程序处理异常。

在方法头中，throws 后面列出了方法可能抛出的各类异常。throws 语句的语法格式如下：

throws ExceptionType1,ExceptionType2...

其中，ExceptionType1、ExceptionType2 等都是异常类的名称。例如：

```
public static void exceptionMethod( )throws NumberFormatException, IOException {
//statements }
```

在上面代码中，exceptionMethod( )方法抛出 NumberFormatException 类和 IOException 类异常。

任务三　异常处理的方法

在 Java 中，异常处理是通过 try...catch...finally、throw 和 throws 语句实现的。

一、try...catch...finally 语句

在大多数情况下，系统预设的异常处理方法只会输出一些简单的提示到控制台上，然后结束程序的运行。这样的处理方式在许多情况下并不符合我们的要求。为此，Java 提供了try...catch...finally 语句来明确地捕捉某类异常，并按我们的要求加以适当的处理，这是充分发挥异常处理机制的最佳方式。

try...catch...finally 语句可以实现抛出异常和捕获异常的功能，其一般语法格式如下：

```
try {
    //可能发生异常的代码
} catch (ExceptionType1 e1) {
    //处理 Exception 类 1 异常的代码
} catch (ExceptionType2 e2) {
    //处理 Exception 类 2 异常的代码
} finally {
    //无论是否发生异常，都会执行的代码
}
```

注意下面有关 try...catch...finally 语句的规定。

（1）将可能出现错误的代码放在 try 语句块中。当对 try 语句块中的代码进行检查时，可能会抛出一个或多个异常。因此，try 语句块后面可跟一个或多个 catch 语句块。

（2）如果检查 try 语句块时没有抛出异常，所有与 try 语句块相关的 catch 语句块将被忽略，程序将在最后的 catch 语句块后继续执行。

（3）如果检查 try 语句块时抛出异常，try 语句块中异常之后的代码将被忽略。程序按照异常类型匹配的顺序，依次检查每个 catch 语句块，找到与抛出异常类型匹配的 catch 语句块，并执行其中的代码。一旦匹配到合适的 catch 语句块并执行完毕，后续的 catch 语句块将被忽略。

（4）如果最后的 catch 语句块后面有 finally 语句块，则不管是否发生异常，都会执行 finally 语句块。finally 语句块一般用来进行一些扫尾工作，如释放资源、关闭文件等。

【例 6.2】使用 try...catch...finally 语句处理异常。

```
public class TestNegativeArraySizeException {
    public static void main( String[] args ) {
        int a,b,c;
        a=67;
```

```
            b=0;
            try {
                int[] x = new int[-5];                    //可能抛出 NegativeArraySizeException
            } catch (NegativeArraySizeException e) {
                System.out.println("异常：NegativeArraySizeException");
                e.printStackTrace( );
            }
        try {
                c = a / b;                                //可能抛出 ArithmeticException
                System.out.println(a + "/" + b + " = " + c);
        } catch (ArithmeticException e) {
                System.out.println("异常：ArithmeticException，原因：" + e.getMessage( ));
                e.printStackTrace( );
        } finally {
                System.out.println("结束");
        }
    }
}
```

运行结果如下：

```
异常：NegativeArraySizeException java.lang.NegativeArraySizeException
at TestNegativeArraySizeException.main(TestNegativeArraySizeException.java:6)
异常：ArithmeticException，原因：/ by zero
java.lang.ArithmeticException: / by zero
at TestNegativeArraySizeException.main(TestNegativeArraySizeException.java:12)
```

二、再次抛出异常

　　Java 程序的异常十分复杂。在某些情况下，程序需要捕捉一个异常并且进行一些处理，但是却不能从根本上找到造成该异常的原因。当程序出现异常，释放某些本地资源仍不能完全解决出现的异常问题时，就需要调用处理异常的代码，再次调用 throw 命令抛出异常，使得异常重新回到调用链上。例如：

```
Graphics g = image.getGraphics( );
try {
    //可能抛出 MalformedURLException 的代码
} catch (MalformedURLException e) {
    if (g != null) {
        g.dispose( );  //释放 Graphics 资源
    }
    throw e;            //再次抛出异常，传递给调用者处理
}
```

　　上面的代码显示了程序必须再次抛出已捕获异常的一个最常见原因。如果不在 catch 语句中对 g 进行处理，那么它永远都不会被释放。造成这样异常的根本原因是采用了错误格式的 URL 却没有被解决。程序假设方法的调用者知道如何处理这样的异常，所以应该把该异常传递给那些最终知道如何处理该异常的程序模块。当然，也可以抛出一个和捕获的异常类型不同的异常：

```
try {
    Obj a = new Obj( );
    a.load(s);
```

```
        a.paint(s);
        b.paint(g);
}catch(RuntimeException e) {
        //产生另外一个 OBJ 错误
        throw new Exception("OBJ error" ); }
```

上面的代码存在的问题：未导入必要的类，即 Obj、a、b、s、g 未定义；在 catch 语句块中捕获了 RunTimeException 类异常，但抛出了一个新的更一般的 Exception 类异常，从而导致异常信息丢失；未使用 e 参数，可能无法获取原始异常信息。

任务四　异常处理技巧

在 Java 程序发生异常时，编程人员通常有以下几种选择。

（1）终止程序。

（2）从异常中恢复，继续执行程序。

（3）记录错误并继续执行。

在某些情况下，当程序发生异常时，最好让程序终止。例如，编写了一个程序准备输入文件中的数据，但在该程序执行过程中输入的文件并不存在，那么继续执行该程序将没有任何意义。在类似这种情况下，程序就可以输出相应的错误信息终止程序。

在其他情况下，希望处理异常并使程序继续执行。例如，有一个输入数字的程序，如果用户输入一个字符来替代数字，则该程序将抛出 NumberFormatException 类异常。在类似这种情况下，程序就可以保护必要的代码，提示用户输入正确的数字，并直至输入内容有效为止。例如：

```
boolean flag = false;
    int number = 0;
    Scanner scanner = new Scanner(System.in);
    do {
        try {
            System.out.print("输入一个整数：  ");
            String input = scanner.nextLine( );
            number = Integer.parseInt(input);
            flag = true;
        } catch (NumberFormatException ne) {
            System.out.println("异常：  " + ne.toString( ));
            System.out.println("请输入有效的整数！");
        }
    } while (!flag);
    System.out.println("您输入的整数是：" + number);
    scanner.close( );
```

上面的程序将执行 do...while 循环语句以提示用户，直至用户输入有效的整数。

对于发生异常时终止的程序，通常假定终止是相当安全的。程序如果被设计是用来连续不间断工作的，如互联网服务端程序，那么一旦发生异常，就不可以被终止。这类程序必须能报告异常，并继续运行。

异常处理可以将异常处理代码从正常的程序中分离出来。这样可以让编程人员专注于业务逻辑的实现，使程序容易阅读、容易修改。由于异常处理需要初始化新的异常对象，需要重新返回调用堆栈并向调用方法传递异常，所以通常情况下，异常处理需要更多的时间和资源。滥用异常处理的结果就是降低程序的执行速度。

异常处理不能代替简单的测试。如果可能的话，应该用判断语句测试简单的异常，而用异常处理去处理那些判断语句不能解决的问题。例如，不要使用异常处理进行输入有效性检查，可以使用简单的判断语句判断输入内容是否有效。捕捉异常所需要的时间大大超过了执行简单的测试。

此外，不要将异常划分过细，否则会导致代码行数增多，不容易解决异常问题。合理规划异常类，将使代码更加清晰，同时也能实现正常处理和异常处理分隔开来的目标。

▶ 任务五　自定义异常类

在创建用户自己的类或编写程序时，可能会发生异常，而 Java 提供了相当多的异常类来处理这些异常。但 Java 不提供用户程序所需的所有异常类。因此，Java 允许编程人员自定义异常类以处理 Java 的异常类未包含的异常。编程人员可以通过扩展 Exception 类或其子类（如 IOException 类）创建自己的异常类。

【例 6.3】自定义除数为 0 的异常类。

```java
public class myException extends Exception{
    public myException( ) {
        super("不能被 0 除");
    }
    public myException(String str   ) {
        super( str   );
    }
}
```

【例 6.4】从键盘输入被除数和除数，并输出运算结果。

```java
public class TestmyException{
    public static void main( String[] args ) {
        Scanner reader = new Scanner(System.in); double num = 0;
        double deno = 0;
        try {
            System.out.println("请输入被除数：" );
            num = reader.nextDouble( );
            System.out.println("请输入除数：" );
            deno = reader.nextDouble( );
            if(deno == 0.0){
                throw new myException( );}
            System.out.println("商是："+(num/deno));
        }catch(myException e) {
            System.out.println("出现异常："+e.toString( ) );
        }catch(Exception e) {
            System.out.println("出现异常："+e.toString( ) );
        }
    }
}
```

项目小结

本项目介绍了 Java 的异常处理机制，包括异常的概念、异常处理及自定义异常类等知识。其中，异常处理的方法是本项目的重点和难点，也是 Java 编程中经常用到的。

思考与练习

一、选择题

1. 异常产生的原因很多，常见的有（ ）。
　　A．程序运行环境发生改变　　　　　B．程序设计本身存在缺陷
　　C．硬件设备出现故障　　　　　　　D．以上都是

2. 除数为 0 是（ ）异常。
　　A．ClassCastException 类　　　　　B．ArithmeticException 类
　　C．RuntimeException 类　　　　　　D．ArrayIndexOutOffBoundException 类

3. 用来手工抛出异常的关键字是（ ）。
　　A．throws　　　　　B．throw　　　　　C．try　　　　　D．catch

4. 下面程序输出的结果是（ ）。

```java
class Test {
    public static void main( String args[]   ){
        try {
            int i = 1/0;
        } catch(ArithmeticException e){
            System.out.println("ArithmeticException" );
        } catch(Exception e){
            System.out.println("exception");
        } finally {
            System.out.println("finally");
        }
    }
}
```

　　A．ArithmeticException exception　　　B．exception
　　C．exception finally　　　　　　　　　D．ArithmeticException finally

二、简答题

1. Java 中的异常处理机制是怎样的？

2. Java 中的异常处理语句有哪些？其作用是什么？

3. finally 语句起什么作用？在异常处理中是否一定需要 finally 语句？

4. throw 语句和 throws 声明有什么区别？

三、编程题

1. 创建贷款类 Loan，如果贷款总额、利率或年数小于或等于 0，则抛出 IllegalArgumentException 类异常。编写一个程序实现该功能。

2. 电力公司的电费计算标准如下：200 度以下以每度 0.10 元计算；200～500 度之间以每度 0.30 元计算；超过 500 度则以每度 0.60 元计算。输入本月用电度数，输出本月电费和用电量的比值。编写一个程序实现该功能，要考虑电费计算过程中程序出现的各种异常，必要时可用自定义异常类。

项目七

输入/输出

对外围设备（简称"外设"）和其他计算机的输入/输出操作，尤其是对磁盘的文件操作，是计算机程序重要而必备的功能。任何编程语言都必须对输入/输出操作提供支持。Java 也不例外，它的输入/输出类库中包含了丰富的系统工具——已定义好的用于不同情况的输入/输出类。利用它们，Java 程序可以很方便地实现多种输入/输出操作和复杂的文件与目录管理。

任务一　输入/输出类库

一、流的概念

流是指输入与输出计算机的数据序列。输入流代表从外设流入计算机的数据序列；输出流代表从计算机流向外设的数据序列。

流式输入/输出是一种很常见的输入/输出方式。它最大的特点是数据的获取和发送均沿数据序列顺序进行，即每一个数据都必须等待排在它前面的数据被读/写后才能被读/写，且每次读/写操作处理的都是剩余的未读/写数据序列中的第一个，而不能够随意选择输入/输出的位置。磁带机是实现流式输入/输出的较典型设备。

流中的数据既可以是未经加工的原始二进制数据，也可以是经过一定编码处理后符合某种格式规定的特定数据，如字符、数字等。如果流所包含数据的性质和格式不同，则流的运动方向（输入或输出）不同，流的属性和处理方法也不同。在 Java 的输入/输出类库中，有各种不同的流类来分别对应这些不同性质的输入/输出流。

Java 的输入/输出处理主要封装在 Java.io 包中。Java 将这些不同类型的输入/输出源抽象为流，用统一的接口来表示，并提供独立于设备和平台的流类，从而使程序设计简单明了。Java 有一套完整的输入/输出类层次结构，如表 7.1 所示。

表 7.1　Java 的输入/输出类层次结构

类	子　类
InputStream	ByteArrayInputStream
	StringBufferInputStream（在新版 Java 中已被废弃，建议使用 StringReader）
	SequenceInputStream
	FilterInputStream

类	子 类
InputStream	PipedInputStream
	FileInputStream
	ObjectInputStream
OutputStream	ObjectOutputStream
	FilterOutputStream
	FileOutputStream
	PipedOutputStream
	Byte Array OutputStream

二、基本输入/输出流类

在 Java 中，最基本的流类有两个：一个是基本输入流类——InputStream 类，另一个是基本输出流类——OutputStream 类。这两个流类是具有最基本的输入/输出功能的抽象类。其他所有输入流类都是继承了 InputStream 类的基本输入功能并根据自身属性对这些功能加以扩充的 InputStream 类的子类；同理，其他所有输出流类也都是继承了 OutputStream 类的基本输出功能并根据自身属性对这些功能加以扩充的 OutputStream 类的子类。

按处理数据的类型，基本输入/输出流类又可分为字节输入/输出流类和字符输入/输出流类。其中，基本字节输入流类是 InputStream 类，基本字节输出流类是 OutputStream 类；基本字符输入流类是 Reader 类，基本字符输出流类是 Writer 类。

1. InputStream 类

InputStream 类包含所有输入流都需要的方法，可以完成最基本的读入输入流中数据的功能。

当 Java 程序从外设读入数据时，应首先创建一个适当类型的输入流类的对象来完成与该外设（如键盘、磁盘文件或网络套接字等）的连接；然后调用执行这个新创建的流类对象的特定方法，实现对相应外设的输入操作。需要说明的是，由于 InputStream 类是不能被实例化的抽象类，所以在实际程序中创建的输入流一般都是 InputStream 类的某个子类的对象，并由它来实现与外设数据源的连接。InputStream 类常用方法如表 7.2 所示。

表 7.2　InputStream 类常用方法

说　明	方　法	功　能
读入数据方法	read( )	从输入流中读取一字节的数据，返回读取的字节，或在结尾时返回-1
	read(byte b[])	将输入流中的数据读入字节数组 b[]中
	read(byte b[], int off, int len)	从输入流中读取最多 len 字节的数据，存入 b[]的指定位置
定位输入位置指针方法	skip(long n)	跳过并丢弃输入流中的 n 字节
	mark(int readlimit)	在输入流的当前位置设置标记，而 readlimit 是标记的最大限度
	reset( )	将输入流重新定位到最后一次调用 mark( )方法时的位置
关闭输入流方法	close( )	关闭输入流并释放与之关联的资源

从输入流读入数据的 read( )方法共用三种。这三种方法共同的特点是只能逐字节地读取输入

数据，即通过 InputStream 类的 read( )方法只能把数据以二进制的原始方式读入，而不能分解、重组和理解这些数据。

流式输入最基本的特点就是具有读操作的顺序性：每个流都有一个位置指针；该指针在流刚被创建时产生并指向流的第一数据；以后的每次读操作都是在当前位置指针处执行，伴随着流操作的执行，位置指针自动后移，指向下一个未被读取的数据。InputStream 类中用来控制位置指针的方法如表 7.2 所示。

2．OutputStream 类

OutputStream 类包含所有输出流都要使用的方法。与读入操作一样，当 Java 程序向某外设（如屏幕、磁盘文件或其他计算机）输出数据时，应首先创建一个新的输出流对象来完成与该外设的连接；然后利用 OutputStream 类提供的 write( )方法将数据顺序写入这个外设。OutputStream 类常用方法如表 7.3 所示。

表 7.3　OutputStream 类常用方法

类　　型	方　　法	简　要　说　明
写入数据方法	void write(int b)	将参数的低位字节写入输出流
	void write(byte b[]　)	将字节数组 b[]中的全部字节顺序写入输出流
	write(byte b[], int off, int len)	将字节数组 b[]中从偏移量 off 开始的 len 字节写入输出流
关闭输出流方法	void flush ( )	数据暂时放在缓冲区中，等积累到一定数量，统一一次写入外设
	void close ( )	当输出操作完毕时，关闭输出流

输出流写入数据方法与输入流的相似。输出流也是以顺序的写操作为基本特征的，即只有前面的数据已被写入外设，才能输出后面的数据；OutputStream 类所实现的写操作与 InputStream 所实现的读操作一样，只能将原始数据以二进制的方式逐字节地写入输出流所连接的外设，而不能对所传递的数据完成格式或类型转换。

三、其他输入/输出流类

基本输入/输出流类是定义基本输入/输出操作的抽象类。在 Java 程序中，真正使用的是基本输入/输出流类的子类。基本输入/输出流类的子类对应不同的数据源和输入/输出任务，以及不同的输入/输出流。

常用的输入/输出流类如表 7.4 所示。

表 7.4　常用的输入/输出流类

说　　明	输入/输出流类	功　　能
过滤输入/输出流类	FilterInputStream	主要在输入/输出数据的同时，能对所传输的数据做类型的指定或格式的转换，即可实现对二进制字节数据的理解和编码转换
	FilterOutputStream	
文件类	FileInputStream	主要完成对磁盘文件的顺序读/写操作
	FileOutputStream	
管道输入/输出流类	PipedInputStream	主要实现程序内部线程间的通信或不同程序间的通信
	PipedOutputStream	

说　　明	输入/输出流类	功　　能
字节数组流类	ByteArrayInputStream	主要实现与内存缓冲区的同步读/写
	ByteArrayOutputStream	
顺序输入流类	SequenceInputStream	主要把两个其他的输入流首尾相接，合并成一个完整的输入流

四、标准输入/输出

Java 程序在需要与外设等外界数据源做输入/输出的数据交换时，需要首先创建一个输入/输出类的对象来完成对这个数据源的连接。例如，Java 程序在需要读/写文件时，需要先创建文件输入/输出流类的对象。除文件外，Java 程序还经常使用字符界面的标准输入/输出设备进行读/写操作。

计算机系统都有默认的标准输入/输出设备。对于一般的系统，标准输入设备通常是键盘；标准输出设备通常是显示器。Java 程序使用字符界面与标准输入/输出设备进行数据通信，即从键盘输入数据，或向显示器输出数据，这是十分常见的操作。

System 类是 Java 中一个功能很强大的类，利用它可以获得很多 Java 程序运行时的系统信息。System 类的所有属性和方法都是静态的，即调用时需要以类名 System 为前缀。System.in 和 System.out 就是 System 类的两个静态属性，分别对应了系统的标准输入和标准输出操作。

1．标准输入

System.in 是 InputStream 类的对象。当需要从键盘输入数据时，只要调用 System.in.read( )语句即可。在使用 System.in.read( )语句读取数据时，需要注意以下 4 点。

（1）System.in.read( )语句必须包含在 try 语句块中，且 try 语句块后面应该有一个可接收 IOException 类以外的 catch 语句块。

（2）执行 System.in.read( )语句将从输入流中读取一字节数据，返回值是 0～255 之间的整数（表示读取的字节），如果已到达输入流的末尾，则返回-1。

（3）通过 System.in.read( )语句从输入流中读取一字节数据，并可以通过适当的字符集解码将其转换为字符数据。如果需要读取字符串或其他类型的数据，建议使用 InputStreamReader 类或 Scanner 类。

（4）当键盘缓冲区中没有未被读取的数据时，执行 System.in.read( )语句将导致系统转入阻塞状态。在阻塞状态下，当前流程将停留在上述语句位置且整个程序被挂起；当用户从键盘输入一个数据后，程序才能继续运行下去。所以，程序中有时利用 System.in.read( )语句来达到暂时保留显示器屏幕显示信息的目的。

2．标准输出

Java 的标准输出 System.out 是打印输出流 PrintStream 类的对象。PrintStream 类是过滤输出流类——FilterOutputStream 类的一个子类，其中定义了向显示器输送不同类型数据的方法 print( )和 println( )。

println( )方法有多种重载形式。它的作用是向显示器输出其参数指定的变量或对象，然后换行，使光标停留在显示器屏幕下一行第一个字符的位置。如果 println( )参数为空，则将输出一个空行。

println( )方法可输出多种不同类型的变量或对象，包括 boolean、double、float、int、long 类型的变量及 Object 类的对象。在 Java 中，子类对象可以作为父类类型的实际参数，而 Object 类是所有 Java 类的父类。所以，println(Object x)方法可以接受任何类型的对象。通过方法的重载，println( )方法可以输出多种不同类型的变量和对象。

print( )方法的重载形式与 println( )方法完全一样，也可以实现对显示器屏幕上不同类型的变量和对象的操作。不同的是，print( )方法输出对象后并不换行，即下一次输出的内容显示在同一行。

【例 7.1】使用 System.in 从键盘输入"This is standard Input and Output"字符串，然后使用 System.out 向显示器输出该字符串。

```java
import java.io.*;
public class StdInOut {
    public static void main(String[] args) {
        try {
            System.out.println("请输入字符：");
            BufferedReader reader = new BufferedReader(new InputStreamReader( System.in));
            String s = reader.readLine( );
            System.out.print("输入的字符是：");
            System.out.println(s);
        } catch (IOException ioe) {
            System.err.println(ioe.toString( ));
        }
    }
}
```

任务二　字符输入/输出

按处理数据的类型，流可以分为字符流与字节流。它们处理信息的基本单位分别是字符和字节。当从文件中读取一段文本时，该文件可能是 ASCII 字符，也可能是 Unicode 字符。如果该文件是 Unicode 字符，那以字节为单位从该文件中读取一段文本就比较麻烦。为了解决这个问题，Java 提供了一套流类（从 Reader 类和 Writer 类派生的），用于处理不同字符编码之间的差别。字符输入用的流类为 Reader 类，字符输出用的流类为 Writer 类。

一、字符输入

与字符输入相关的类主要是从 Reader 类派生的一些类，如表 7.5 所示。

表 7.5　Reader 类层次结构

类	子　类
Reader	BufferedReader
	CharArrayReader
	FilterReader
	InputStreamReader
	PipedReader
	StringReader

其中，InputStreamReader 类可以将采用特殊编码方案的一个输入流转换成 Unicode 字符流。可以通过以下方式将控制台输入的字符转换为 Unicode 字符：

```
InputStreamReader in=new InputStreamReader(System.in)
```

InputStreamReader 类还可以将指定编码方案的输入流转换成 Unicode 字符。例如，将简体中文输入流转换成 Unicode 字符：

```
InputStreamReader =new InputStreamReader(intput,"GB2312")
```

通过 InputStreamReader 类的 Read( )方法可以从输入流中读取一或多字节。实际上，利用 InputStreamReader 类读取字符串也方便，所以通常将 InputStreamReader 类与 BufferReader 类结合起来，利用 BufferReader 类的 readLine( )方法能比较方便地从输入流中读取一行字符串，然后对字符串进行其他的处理。例如：

```
BufferReader in=new BufferReader(InputStreamReader(System.in))
Strings=in.readLine( )
```

二、字符输出

与字符输出相关的类主要是从 Writer 类派生的一些类，如表 7.6 所示。

表 7.6　Writer 类层次结构

类	子　类
Writer	BufferedWriter
	CharArrayWriter
	FilterWriter
	OutputStreamWriter
	PipedWriter
	PrintWriter
	StringWriter

对应于 InputStreamReader 类，Java 提供了一个 OutputStreamWriter 类。OutputStreamWriter 类是字符输出流与字节输出流之间的一座桥梁，用于将指定编码规则的字符输出流转换成字节输出流。

通常，使用 PrintWriter 类进行字符输出。PrintWriter 类提供的功能与 PrintStream 类非常类似，而且方法的名称及参数都一样，使用起来非常方便。它和 PrintStream 类不同之处：PrintStream 类在调用 println( )方法时会自动清空输出流，而 PrintWriter 类可以设置在调用 println( )方法时是否自动清空输出流（默认不自动清空输出流）。另外，PrintWriter 类不包含一些直接向它发送原始字节的方法，如 PrintStream 类的 writer (byte[])方法。

【例 7.2】使用 Reader 类，从键盘输入"This is a CharlnOut test."字符串；使用 PrintWriter 类对象，在程序存放的文件夹中自动生成一个名为"output"的文本文件；该文本文件的内容就是该字符串。

```
CharlnOut.java
import java.io.*;
```

```
public class charInOut {
    public static void main( String args[] ) {
        BufferedReader in=null;
        PrintWriter out=null;
        try {
        in=new BufferedReader(new InputStreamReader(System.in));
        out=new PrintWriter(new FileWriter("output.txt",true));
        String Str;
        while(true) {
            System.out.println("please input a string :" );
            Str=in.readLine( );                    //读取一行
            if( Str.length( )==0)break;            //如果只输入回车符，跳出循环
            out.println( Str )                     //字符输出
        }
        }catch(IOException e){}
        finally
        {
            if(out!=null)out.close( );            //关闭输出流
        }
    }
}
```

在例 7.2 中，如果用户执行 CharInOut.class 文件，在提示字符"please input a string:"下方输入"This is a CharInOut test."后按"Enter"键，则在 CharInOut.java 程序存放的文件夹中自动生成一个名为"output"的文本文件。该文本文件的内容就是：

This is a CharInOut test.

任务三　数据输入/输出

数据输入/输出流类——DataInputStream 类和 DataOutStream 类分别是过滤输入/输出流类——FileterInputStream 类和 FileterOutStream 类的子类。过滤输入/输出流类的最主要作用就是在数据源和程序之间作为过滤器，对原始数据做特定的加工、处理和变换操作。DataInputStream 类和 DataOutStream 类分别实现了 DataInput 和 DataOutput 两个接口中定义的独立于具体机器的带格式的读/写操作，从而实现了对不同类型数据的读/写。

在 DataInput 接口中，定义了一些常用的方法用于输入基本数据类型的数据，如表 7.7 所示。

表 7.7　DataInput 接口中常用的方法

方　　法	说　　明
boolean readBoolean ( )	读取一个布尔值
byte readByte ( )	读取一字节
double readDouble ( )	读取一个双精度浮点数
float readFloat ( )	读取一个浮点数
int readInt ( )	读取一个整数
long readLong ( )	读取一个长整数
short readShort ( )	读取一个短整数
String readUTF ( )	读取一个 UTF 格式的字符串

与 DataInput 接口相对应，DataOutput 接口中也定义了一些常用的方法，如表 7.8 所示。

表 7.8　DataOutput 接口中常用的方法

方　　法	说　　明
boolean writeBoolean ( )	读取一个布尔值
byte writeByte ( )	读取一字节
double writeDouble ( )	读取一个双精度浮点数
float writeFloat ( )	读取一个浮点数
int writeInt ( )	读取一个整数
long writeLong ( )	读取一个长整数
short writeShort ( )	读取一个短整数
String writeUTF ( )	读取一个 UTF 格式的字符串

【例 7.3】使用 DataInputStream 类及 DataOutStream 类，将一些整数写入名为"data.dat"（程序存放的文件夹中自动生成）的文件中，然后把这些整数读取出来并向显示器输出。

```java
import java.io.*;

public class InOutInt {
    public static void main(String[] args) {
        final int NUM = 10;
        int[] s = new int[NUM];
        int i = 0;

        try (DataOutputStream out = new DataOutputStream(new FileOutputStream("data.dat"))) {
            //向文件写入数据
            for (i = 0; i < NUM; i++) {
                out.writeInt((i + 1) * 10);   //向流中写入一个整数
            }
        } catch (IOException e) {
            System.out.println("Error writing to file: " + e.getMessage( ));
        }

        try (DataInputStream in = new DataInputStream(new FileInputStream("data.dat"))) {
            //从文件读取数据
            for (i = 0; i < NUM; i++) {
                s[i] = in.readInt( );          //从流中读取整数并放在数组 s 中
            }
        } catch (IOException e) {
            System.out.println("Error reading from file: " + e.getMessage( ));
        }

        //输出读取的数据
        for (i = 0; i < NUM; i++) {
            System.out.print(s[i] + " ");
        }
        System.out.println( );
    }
}
```

运行结果如下：

10　20　30　40　50　60　70　80　90　100

任务四　文件与目录

任何程序运行时，它的指令和数据都保存在计算机的内存中。由于每次计算机关机时保存在内存中的所有信息都会丢失，所以要想永久性保存程序运算处理所得的结果，就必须把这些结果保存在磁盘文件中。文件是数据赖以保存的永久性机制。文件操作是计算机程序必备的功能。

目录是管理文件的特殊机制。同类文件保存在同一个目录下可以简化文件管理，提高工作效率。Java 不但支持文件管理，还支持其他编程语言（如 C 语言）所不支持的目录管理，并有专门的 File 类来实现。File 类也在 Java.io 包中，但不是 InputStream 类或者 OutputStream 类的子类。File 类不负责数据的输入/输出，而专门管理磁盘文件和目录。

每个 File 类的对象表示一个磁盘文件或目录，其对象属性包含了文件或目录的相关信息，如名称、长度、所含文件个数等。调用 File 类的方法则可以完成对文件或目录的常用管理操作，如创建、删除等。

一、创建 File 类对象

每个 File 类对象都对应了系统的一个磁盘文件或目录，所以创建 File 类对象时需要指明它所对应的文件或目录名。File 类提供 3 个不同的方法，以不同的参数形式灵活地接收文件和目录名信息，如表 7.9 所示。

表 7.9　File 类的方法

方　　法	说　　明
File(String pathname)	字符串 pathname 指明了新创建的 File 对象对应的磁盘文件或路径名
File(File dir, String name)	第一个参数是使用一个已经存在的代表某磁盘目录的 File 对象，表示文件或目录的路径；第二个参数 name 表示文件或目录名
File(String path, String name)	第一个参数表示磁盘文件或目录的绝对或相对路径；第二个参数表示文件或目录名

二、获取文件或目录属性

一个对应于某磁盘文件或目录的 File 对象一经创建，就可以通过调用它的方法来获得该文件或目录的属性。常用的获得文件或目录属性的方法如表 7.10 所示。

表 7.10　常用的获得文件或目录属性的方法

方　　法	简　要　说　明
public boolean exists ( )	判断文件或目录是否存在，若存在则返回 true，否则返回 false
public boolean isFile ( )	如果 File 对象代表的是有效文件，则返回 true
public boolean isDirectory ( )	如果 File 对象代表的是有效目录，则返回 true
public String getName ( )	返回文件名或目录名

续表

方　　法	简 要 说 明
public String getPath ( )	返回文件或目录的路径
public long length　( )	返回文件的字节数
public boolean canRead ( )	判断文件是否为可读文件，若为可读文件则返回 true，否则返回 false
public boolean canWrite ( )	判断文件是否为可写文件，若为可写文件则返回 true，否则返回 false
public String[] list　( )	将目录中所有文件名保存在字符串数组中返回
public boolean equals(File f)	判断两个 File 对象是否相同，如果相同则返回 true，否则返回 false

三、文件或目录操作

File 类中还定义了一些对文件或目录进行操作的方法，如表 7.11 所示。

表 7.11　操作文件或目录的方法

方　　法	说　　明
public boolean renameTo(File newFile)	将文件重命名成 newFile 对应的文件名
public void delete ( )	将当前文件删除
public boolean mkdir ( )	创建当前目录的子目录

【例 7.4】使用 File 类对象在当前路径下（程序存放的文件夹中）创建一个目录为 Document 文件夹，并在该目录下创建子目录为 SubDocument 文件夹；在 Document 文件夹中创建一个空的文本文件 file1.txt；在 SubDocument 文件夹中创建一个空的文本文件 file2.txt。

```java
import java.io.*;
public class CreateFile {
    public static void main(String[] args) {
        File dir = new File("Document");
        File subDir = new File(dir, "SubDocument");
        File file1 = new File(dir, "file1.txt");
        File file2 = new File(subDir, "file2.txt");
        try {
            dir.mkdir( );
            subDir.mkdir( );
            file1.createNewFile( );
            file2.createNewFile( );
        } catch (IOException e) {
            e.printStackTrace( );
        }
    }
}
```

以上程序运行后，在当前路径下创建一个目录为 Document 文件夹，并在该目录下创建子目录为 SubDocument 文件夹；在 Document 文件夹中创建一个空的文本文件 file1.txt；在 SubDocument 文件夹中创建一个空的文本文件 file2.txt。例 7.4 的程序运行结果如图 7-1 所示。

图 7-1 例 7.4 的程序运行结果

【例 7.5】使用 File 类对象显示当前目录下的文件和目录信息。

```java
import java.io.*;
public class ShowDir {
    public static void main(String[] args) {
        File dir = new File(".");                              //当前目录
        System.out.println("Files in " + dir.getAbsolutePath( ));
        String[] sFiles = dir.list( );
        int dirCount = 0, fileCount = 0;
        long size = 0;                                         //用来记录所有文件的总长度

        if (sFiles != null) {
            for (int i = 0; i < sFiles.length; i++) {
                File fTemp = new File(dir, sFiles[i]);    //在当前目录下查找文件
                if (fTemp.exists( )) {
                    if (fTemp.isFile( )) {                 //判断是否是普通文件
                        System.out.println(sFiles[i] + "\t" + fTemp.length( ) + " bytes");
                        fileCount++;
                        size += fTemp.length( );
                    }
                    if (fTemp.isDirectory( )) {           //判断是否是目录
                        System.out.println(sFiles[i] + "\t<DIR>");
                        dirCount++;
                    }
                }
            }
        }
        System.out.println(fileCount + " file(s)\t" + size + " bytes");
        System.out.println(dirCount + " dir(s)");
    }
}
```

以上程序编译通过后，运行 ShowDir.class 文件，显示器屏幕会显示出当前目录位置和当前目录下的文件和目录信息，如图 7-2 所示。

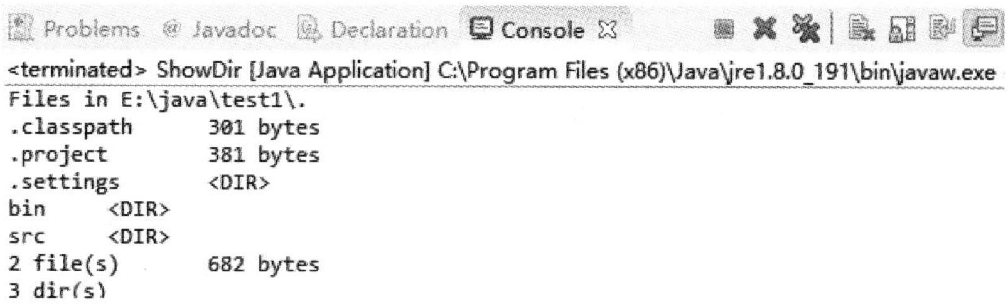

图 7-2 例 7.5 的程序运行结果

四、顺序文件的访问

使用 File 类可以很方便地建立与某磁盘文件的连接，以便了解它的有关属性并对它进行一定的管理性操作。如果希望在磁盘文件中读/写数据，即文件的访问操作，有两种方式：一种是顺序文件访问；另一种是随机文件访问。顺序文件访问是一种简单的文件访问方式，在进行读/写操作时，必须从头开始，按顺序进行；随机文件访问则允许在文件的任意位置随机读/写。

顺序文件访问主要通过文件输入/输出流类（FileInputStream 类和 FileOutputStream 类）来完成。利用文件输入/输出流类完成磁盘文件的读/写操作一般要遵循以下步骤。

1．创建输入/输出流类对象

FileInputStream 类有两种常用的方法，如表 7.12 所示。

表 7.12　FileInputStream 类的方法

方　　法	说　　明
FileInputStream(String FileName)	利用已存在的 File 对象从该对象对应的磁盘文件中读入数据
FileInputStream(File file)	利用文件名字符串从该文件读入数据

无论用哪种构造函数，在创建文件输入或输出流时都可能因给出的文件名或路径或文件属性不对而造成错误。此时，系统会抛出 FileNotFound Exception 类异常。所以，创建文件输入/输出流类并调用方法的语句应该被包括在 try 语句块中，并有相应的 catch 语句块来处理可能产生的异常。

2．从文件输入/输出流类中读/写数据

读/写数据有两种方式：第一种是直接利用 FileInputStream 类和 FileOutputStream 类自身的读/写功能；第二种是以 FileInputStream 类和 FileOutputStream 类为原始数据源，再套接上其他功能较强大的输入/输出流类完成文件读/写操作。

FileInputStream 类和 FileOutputStream 类自身的读/写功能是直接从父类——InputStream 类和 OutputStream 类继承来的，并未加任何功能的扩充和增强，如前面介绍过的 read( )、write( )等方法，都只能完成以字节为单位的原始二进制数据的读/写。

为了能更方便地从文件中读/写不同类型的数据，一般都采用第二种方式，即以 FileInputStream 类和 FileOutputStream 类为原始数据源完成与磁盘文件的映射连接后，再创建其他流类的对象，从 FileInputStream 类和 FileOutputStream 类对象中读/写数据。

一般较常用的是过滤流类的两个子类——DataInputStream 类和 DataOutputStream 类。它们可以进一步简化的写法如下：

```
File MyFile=new File("MyTextFile");
DataInputStream din=new DataInputStream(new FileInputStream(MyFile));
DataOutputStream dour=new DataOutputStream(new FileOutputStream(MyFile));
```

【例 7.6】利用文件输入/输出流打开一个文件，并向其中追加另一个文件内容。

```
import java.io.*;
public class FileAppend {
    public static void main(String[] args) {
```

```
BufferedWriter appendTo = null;
BufferedReader from = null;
String temp = null;

try {
    //打开要追加内容的文件（以追加模式打开）
    appendTo = new BufferedWriter(new FileWriter("yuanlai.txt", true));
    //打开读取文件
    from = new BufferedReader(new FileReader("zhuijia.txt"));
    //添加一些说明文本
    appendTo.newLine( );
    temp = "The following is from file zhuijia.txt:";
    appendTo.write(temp, 0, temp.length( ));
    appendTo.newLine( );
    appendTo.newLine( );

    //读取 zhuijia.txt 的内容并追加到 yuanlai.txt
    while ((temp = from.readLine( )) != null) {
        appendTo.write(temp, 0, temp.length( ));
        appendTo.newLine( );
    }
    System.out.println("File zhuijia.txt is appended to yuanlai.txt.");
} catch (IOException e) {
    e.printStackTrace( );
} finally {
    try {
        if (from != null) from.close( );
        if (appendTo != null) appendTo.close( );
    } catch (IOException e) {
        e.printStackTrace( );
    }
}
}
}
```

以上程序运行说明：如果用户执行 FileAppend.class 文件之前，先在 FileAppend.java 程序存放的文件夹中新建名为"yuanlai"和"zhuijia"的文本文件，并在名为"zhuijia"的文本文件中随机输入一些内容。以上程序编译通过后，若运行 FileAppend.class 文件，则 zhuijia.txt 文件中的内容将添加到 yuanlai.txt 文件的末尾处。

五、随机文件的访问

在 Java 中，随机文件的访问需要用到 RandomAccessFile 类。该类直接从 Object 类继承，并实现 DataInput 和 DataOutput 接口。

RandomAccessFile 类和其他输入/输出流类不一样。其他输入/输出流类都是顺序访问流的，要么只能读取，要么只能写入；RandomAccessFile 类允许从任意位置访问流，不仅能读取，而且能写入。

RandomAccessFile 类实现了 DataInput 和 DataOutput 接口中所定义的所有方法，能从文件中读取基本类型的数据，也能向文件写入基本类型的数据。此外，RandomAccessFile 类能定义其他方法支持文件随机读/写操作。

1．创建 RandomAccessFile 类对象

RandomAccessFile 类常用的两个方法如表 7.13 所示。

表 7.13　RandomAccessFile 类常用的两个方法

方　　法	说　　明
RandomAccessFile(File file, String mode)	以文件对象方式创建一个随机访问文件，mode 可以为 "r" 或 "rw" 以表示读或读/写
RandomAccessFile(String name, String mode)	以文件名字符串方式创建一个随机访问文件，mode 可以为 "r" 或 "rw" 以表示读或读/写

创建 RandomAccessFile 类对象时，可能产生两种异常：一种是若指定的文件不存在，则会产生 FileNotFoundException 类；另一种是若试图用读/写方式打开只读属性的文件或出现了其他输入/输出错误，则会产生 IOException 类异常。创建 RandomAccessFile 类对象的语句如下：

```
File BankMegFile=new File("BankFile.txt");
RandomAccessFile MyRaF=new RandomAccessFile(BankMegFile, "rw");   //读/写方式
```

2．对文件位置指针的操作

RandomAccessFile 类实现的是随机读/写操作。随机读写操作与顺序读/写操作不一样，可以在文件中任意位置执行读/写操作，而不一定在文件中按从头到尾的顺序执行读/写操作。要实现这样的功能，必须定义文件位置指针和移动这个指针的方法。RandomAccessFile 类对象的文件位置指针遵循以下规律。

（1）新建 RandomAccessFile 类对象的文件位置指针位于文件头。

（2）每次读/写操作之后，文件位置指针都相应后移读/写的字节数。

指针操作常用方法如表 7.14 所示。

表 7.14　指针操作常用方法

方　　法	简 要 说 明
public long getPointer( )	获取当前文件位置指针从文件头算起的绝对位置
public void seek(long pos)	将文件位置指针移动到参数 pos 指定的从文件头算起的绝对位置处
public long length( )	返回文件的字节长度，一般可以用来判断是否读到了文件尾

3．读操作

RandomAccessFile 类实现了 DataInput 接口，因此该类可以用多种方法分别读取不同类型的数据，具有比 FileInputStream 类更强大的功能。RandomAccessFile 类的读取方法主要有 readBoolean( )、readChar( )、readlnt( )、readLong( )、readFloat( )、readDouble( )、readLine( )、readUTF( )等。其中，ReadLine( )方法从当前位置开始到第一个'\n'为止读取一行文本，并返回一个 String 对象。

4．写操作

在实现了 DataInput 接口的同时，RandomAccessFile 类还实现了 DataOutput 接口。这就使它具有与 DataOutputStream 类同样强大的含类型转换的输出功能。RandomAccessFile 类包含的写方法主要有 writeBoolean( )、writeChar( )、writelnt( )、writeLong( )、writeFloat( )、writeDouble( )、 writeUTF( )等。其中，writeUTF( )方法可以向文件输出一个字符串对象。

　　需要注意的是，RandomAccessFile 类的所有方法都可能产生 IOException 类异常，所以利用它实现文件对象操作时应把相关的语句放在 try 语句块中，并配上 catch 语句块来处理可能产生的异常对象。

　　【例 7.7】使用 RandomAccessFile 类对象在当前路径下（程序存放的文件夹中）创建一个名为"record"的文本文件，向该文件写入一些学生的学号、姓名及成绩等信息，并能查询或修改某个学生的成绩，即在指定位置读/写学生的成绩。

```java
import java.io.*;
public class RandomAF {
    //查找名为 name 的记录的起始位置
    static long getPointer(RandomAccessFile f, String name, int len) throws IOException {
        String temp;
        long pointer;
        f.seek(0L);
        for (int i = 0; i < len; i++) {
            pointer = f.getFilePointer( );
            int no = f.readInt( );
            int score = f.readInt( );
            temp = f.readLine( ).trim( );
            if (temp.equals(name)) {
                return pointer;
            }
        }
        return -1;
    }

    //打印名为 name 的记录信息
    static void printRecord(RandomAccessFile f, String name, int len) throws IOException {
        long pointer = getPointer(f, name, len);
        if (pointer == -1) {
            System.out.println("The record is not existed!");
            return;
        }
        f.seek(pointer);
        int no = f.readInt( );
        int score = f.readInt( );
        String tempName = f.readLine( ).trim( );
        System.out.println(no + " " + tempName + " " + score);
    }

    public static void main(String[] args) {
        int[] no = {1, 2, 3, 4, 5};
        String[] name = {"Zhangsan", "Litian", "Wangbing", "Zhouxin", "Jongjun"};
        int[] score = {80, 81, 82, 83, 84};
        RandomAccessFile record = null;
        try {
            record = new RandomAccessFile("record.txt", "rw");
            //写入记录
            for (int i = 0; i < no.length; i++) {
                record.writeInt(no[i]);
```

```
                record.writeInt(score[i]);
                record.writeBytes(name[i] + "\n");
            }
            System.out.println("The record of Zhouxin：");
            printRecord(record, "Zhouxin", no.length);
            System.out.println("Modify the score of Zhouxin to 90：");
            //修改记录
            long pointer = getPointer(record, "Zhouxin", no.length);
            if (pointer != -1) {
                record.seek(pointer);
                record.readInt( ); //跳过学号
                record.writeInt(90); //修改成绩为 90
            }
            printRecord(record, "Zhouxin", no.length);
        } catch (IOException e) {
            e.printStackTrace( );
        } finally {

            try {
                if (record != null)
                    record.close( );
            } catch (IOException e) {
                e.printStackTrace( );
            }
        }
    }
}
```

项目小结

本项目首先介绍了输入流类、输出流类、字节输入/输出流类和字符输入/输出流类的概念，然后依次介绍了使用 System 类完成数据基本输入/输出的方法，使用字节输入/输出流类（InputStream 类和 OutputStream 类）和字符输入/输出流类（Reader 类和 Writer 类）以字节或字符形式输入/输出数据的方法，使用 Scanner 类输入各种类型数据的方法。

在任务四中，主要介绍了使用 FileInputStream 类和 FileOutputStream 类、FileReader 类和 FileWriter 类，分别以字节形式或字符形式读/写文件的方法，以及使用 File 类管理文件的方法，使用 RandomAccessFile 类随机读/写文件的方法。

思考与练习

一、选择题

1. 字节输入/输出流类和字符流类的区别是（　　）。
　　A．每次读入的字节数不同　　　　　　　　B．前者带有缓冲区，后者没有缓冲区
　　C．前者以字节读/写，后者以字符读/写　　D．没有区别

2．在 Java 中，提供的主要输入/输出流类所在的包是（　　　）。

    A．java.io　　　　　　B．java.util　　　　　　C．java.math　　　　　　D．java.io1

3．创建文件"test.txt"的字节输入流类的语句是（　　　）。

    A．InputStream in=new FileInputStream("test.txt")

    B．FileInputStream in=new FileInputStream(new File("test.txt"))

    C．InputStream in=new FileReader("test.txt")

    D．InputStream in=new InputStream("test.txt")

4．在下列创建 InputStreamReader 类对象的方法中，正确的是（　　　）。

    A．new InputStreamReader(new FileInputStream("data"));

    B．new InputStreamReader(new FileReader("data"));

    C．new InputStreamReader(new BufferedReader("data"));

    D．new InputStreamReader(System.in);

5．在下列创建 RandomAccessFile 类对象的方法中，正确的是（　　　）。

    A．new RandomAccessFile("test.txt"，"rw");

    B．new RandomAccessFile(new DataInputStream( ));

    C．new RandomAccessFile(new File("test.txt"));

    D．new RandomAccessFile("test.txt")

6．在以下方法中，实现关闭流的方法是（　　　）。

    A．void close( )　　　　B．void reset( )　　　　C．int size( )　　　　D．void flush( )

二、简答题

1．字节输入/输出流类和字符输入/输出流类有什么区别？

2．使用字节输入/输出流类和字符输入/输出流类进行读/写操作的一般步骤是什么？

3．File 类有哪些常用方法？

三、编程题

1．编写一个程序，将输入的小写字符串转换为大写字符串，然后保存到文件"a.txt"中。

2．编写一个程序，如果文件 text.txt 不存在，则以该名创建一个文件；如果该文件已存在，则使用文件输入/输出流类将 100 个随机生成的整数写入文件中，且整数之间用空格分隔。

项目八

图形用户界面

Java 的抽象窗口工具箱（Abstract Window Toolkit，AWT）包含了很多的类来支持图形用户界面（Graphical User Interface，GUI）的设计。用户可以使用图形化的菜单、按钮等向系统发出操作命令，并将程序运行结果通过图形用户界面反馈给用户。

在 Java 中，在进行图形用户界面设计时，通常要用到两类组件：一类是 AWT 组件，另一类是 Swing 组件。AWT 组件提供了各种用于图形用户界面设计的标准类。Swing 在 AWT 组件基础上进行了扩展，提供了完全的图形用户界面组件集合。由于 AWT 组件目前使用的并不多，因此本书不再讲解 AWT 组件，而是直接介绍 Swing 组件。

使用 Swing 组件开发图形用户界面比使用 AWT 组件更加有优势，这是因为 Swing 组件是一种"轻量级"组件，完全采用 Java 实现其功能，不再依赖于本地平台的图形用户界面，可以在所有平台上保持相同的运行结果，对跨平台支持比较出色。除此之外，Swing 提供了比 AWT 更多的图形用户界面组件，因此可以开发更加美观的图形用户界面。由于 AWT 组件需要调用底层平台的图形用户界面来实现其功能，所以开发图形用户界面的 AWT 组件只能是各种平台图形用户界面组件的交集，这大大限制了 AWT 中一些图形用户界面组件的使用。对于 Swing，无须考虑底层平台是否支持其组件，因此就可以使用如 JTree、JTable 等特殊的图形用户界面组件。

Swing 组件都采用模型–视图–控制器（Model-View-Controller，MVC）设计模式，从而可以实现图形用户界面组件显示逻辑的分离，并允许程序员自定义 Reader 类来改变图形用户界面组件的显示外观，为图形用户界面设计提供更多的灵活性。

▶ 任务一　Swing 概述

Swing 技术发展到现在，已经被许多开发人员用于图形用户界面开发。下面将介绍 Swing 的发展史、功能、特性等，以使读者能够清晰地了解 Swing 成为图形用户界面开发的主流技术的原因。在使用 Swing 进行图形用户界面开发时，最重要的就是要学会熟练应用 Swing 提供的各种各样的应用程序接口，从而为以后的学习奠定扎实的基础。

Swing 工具包是 JavaSE 平台的一部分，提供了一系列丰富的图形用户界面组件，用于构建图形用户界面，从而使 Java 应用程序具有交互性。Swing 包含从现代工具包所能获得的所有组件：表控件、列表控件、树控件、按钮和标签。

Swing 的所有组件完全采用 Java 实现其功能，不再调用本地平台的图形用户界面，从而使 Swing 图形用户界面的显示速度要比 AWT 图形用户界面显示速度慢一些。但相对于快速发展的硬件设施而言，这种微小的速度差别无关紧要。

一、Swing 组件按功能的分类

Swing 组件按功能可分为以下几类。

（1）顶层容器组件：如 JFrame、JApplet、JDialog 和 JWindow。

（2）中间容器组件：如 JPanel、JScrollPane、JSplitPane、JToolbar 等。

（3）特殊容器组件：在图形用户界面上具有特殊作用的中间容器组件，如 JInternalFrame、JRootPane、LayeredPane 等。

（4）基本组件：实现人机交互的组件，如 JButton、JComboBox、JLLstJMenu、JSlider 等。

（5）不可编辑信息的显示组件：向用户显示不可编辑信息的组件，如 JLabel JProgressBar、JToolTip 等。

（6）可编辑信息的显示组件：向用户显示被编辑的格式化信息的组件，如 JTable、JTextArea、JTextField 等。

（7）特殊对话框组件：可以直接产生特殊的对话框组件，如 JColorChooser、JFileChoose 等。

二、Swing 的特点

Swing 是 Java 基础类（Java Foundation Classes，JFC）的一部分。Java 基础类还包含对于图形用户界面程序很重要的其他功能，如添加丰富的图形功能，以及创建可以用不同语言编写、由不同输入设备的用户使用的程序。Swing 的主要特点如表 8.1 所示。

表 8.1　Swing 的主要特点

特　　点	描　　述
具有图形用户界面组件	许多 Swing 图形用户界面组件具有排序、打印、投放、命名等功能
Swing 应用程序 具有插件式外观	Swing 应用程序外观是插件式的，允许选择 Swing 应用程序外观。例如，同样的 Swing 应用程序既可以应用 Java 的外观，也可以应用 Windows 的外观 另外，Java 平台有数百个已经存在的可用的 Swing 应用程序外观
具有易访问性 应用程序接口	Swing 能使用辅助技术（如屏幕阅读器和盲文显示器等）从应用程序接口获取信息
具有 Java 2D	通过 Java 2D 能使开发者很容易将应用程序和 Applet 中高质量的 2D 图形、文本和图像相结合，并能生成和发送高质量的输出内容到打印设备
国际化	Swing 允许开发者构建可以与全世界的用户以他们的语言和文化习惯进行交互的应用程序。开发者可以使用输入方法框架构建能使用几千个不同字符的语言（如汉语、日语等）的文本应用程序

使用 Swing 开发图形用户界面的优势如下。

（1）Swing 不再依赖本地平台的图形用户界面，无须采用各种平台图形用户界面组件的交集。因此，Swing 具有大量的图形界面组件，远远超出 AWT 的图形界面组件集合。

（2）Swing 组件不再依赖本地平台的图形用户界面，因此不会产生与平台相关的漏洞。

（3）Swing 组件在各种平台运行时可以保证具有相同的图形用户界面外观。

（4）Swing 组件采用 MVC 设计模式。其中，模型（Model）用于维护 Swing 组件的各种状态；视图（View）用于可视化 Swing 组件；控制器（Controller）用于控制对各种事件 Swing 组件做出的响应。当模型发生改变时，视图会根据模型数据更新自己。Swing 使用 UI 代理来包装视图和控制器。Swing 组件具有维护其状态的模型。例如，按钮（Button）有一个维护其状态的模型

ButtonModel。Swing 组件的模型是自动设置的，一般都使用 JButton，而无须关心 ButtonModel。因此，Swing 的 MVC 实现也被称为模型代理。

Swing 提供了多种独立于各种平台的界面外观（Look And Feel，LAF），且默认的是一种名为 Metal 圆的界面外观。这种界面外观吸收了 Macintosh 平台的风格，显得比较漂亮。Java7 则提供了一种更加漂亮的名为 Nimbus 的界面外观。

除了可以使用 Java 默认提供的数量不多的几种界面外观之外，还有大量的 Java 爱好者提供了各种开源的界面外观。有兴趣的读者可以自行下载并体验各种界面外观，让 Swing 应用程序更加美观。

▶ 任务二　Swing 容器

⚊、顶层容器

顶层容器能够容纳其他容器组件，包括 JFrame、JWindow、JDialog 和 Applet 等容器。注意：Applet 和 JApplet 容器已从 Java 9 开始被弃用，不再被推荐使用。

当使用这些顶层容器时，应该谨记以下原则。

每个图形用户界面组件必须是一个"顶层容器"的一部分。一个容器层级是指一个拥有顶层容器作为根的组件树。

如果试图将一个容器中的组件添加到另外一个容器中，那么应先从第一个容器中移出该组件，再将其添加到第二个容器中。

每一个顶层容器都有一个内容面板。一般而言，该内容面板包含（直接或间接的）顶层容器中开发图形用户界面的可视化组件。也就是说，各类可视化组件不被直接放在顶层容器中，而被放在顶层容器的内容面板中。

可以选择添加一个菜单栏到顶层容器中。通常，菜单栏位于顶层容器之中，内容面板之外。但在一些程序外观中，如 MacOS 的程序外观，允许程序员决定将菜单栏放置到另外一个对于此程序外观更合适的地方，如屏幕的上部。

【例 8.1】创建一个带有菜单栏和内容面板的窗口。

```java
import java.awt.BorderLayout;
import java.awt.Color;
import java.awt.Dimension;
import javax.swing.JFrame;
import javax.swing.JLabel;
import javax.swing.JMenuBar;

public class JFramePane {
    /**
     * 创建并显示一个图形用户界面；出于线程安全的考虑，应该从事件分线程调用此方法
     */
    private static void createAndShowGUI( ) {
        //创建并设置带有标题的窗口对象
        JFrame frame = new JFrame("TopLevelDemo");
        //当关闭窗口时自动退出程序
        frame.setDefaultCloseOperation(JFrame.EXIT_ON_CLOSE);
```

```
                  //创建一个菜单栏，将其设置为绿色
                  JMenuBar greenMenuBar = new JMenuBar( );
                  //将菜单栏设置为不透明
                  greenMenuBar.setOpaque(true);
                  //设置菜单栏的背景色
                  greenMenuBar.setBackground(new Color(154, 165, 127));
                  //设置菜单栏的首选大小
                  greenMenuBar.setPreferredSize(new Dimension(200, 20));

                  //创建一个黄色标签并将其放入内容面板中
                  JLabel yellowLabel = new JLabel( );
                  //将标签设置为不透明
                  yellowLabel.setOpaque(true);
                  //设置标签的首选大小
                  yellowLabel.setPreferredSize(new Dimension(200, 180));
                  //设置标签的背景颜色
                  yellowLabel.setBackground(new Color(248, 213, 180));

                  //设置菜单栏并将标签添加到内容面板中
                  frame.setJMenuBar(greenMenuBar);
                  //向窗口的内容面板添加标签
                  frame.getContentPane( ).add(yellowLabel, BorderLayout.CENTER);

                  //显示窗口
                  frame.pack( );
                  frame.setVisible(true);
            }

            public static void main(String[] args) {
                  //为事件分线程预定一个工作：创建并显示本程序的图形用户界面
                  javax.swing.SwingUtilities.invokeLater(new Runnable( ) {
                        public void run( ) {
                              createAndShowGUI( );
                        }
                  }
            }
      }
```

例 8.1 的程序运行结果将显示一个带有绿色菜单栏和黄色标签的窗口，且该菜单栏和标签具有各自相应的尺寸和背景颜色，如图 8-1 所示。

图 8-1　例 8.1 的程序运行结果

例 8.1 的程序在一个独立的应用程序中使用 JFrame 容器。同样，也可以使用 JApplet 容器和 JDialog 容器。

二、通用容器

通用容器包括常用的容器组件，如 JPanel 容器、JSplitPane 容器、JScrollPane 容器、JToolBar 容器等。

1．JPanel 容器

JPanel 容器是一个通用的轻量级容器，用于组织其他组件。在默认情况下，JPanel 容器是不透明的，可以使用 setBackground( )方法设置背景颜色。如果使 JPanel 容器透明，可以调用 setOpaque(false)方法来实现。JPanel 容器还可以通过 setLayout( )方法来设置布局管理器。为了优化性能，在创建 JPanel 类对象时就指定布局管理器会更好。

JPanel 容器提供以下 4 个构造器。

（1）public JPanel(LayoutManager layout, booleanisDoubleBuffered)：使用指定的布局管理器和双缓冲策略创建 JPanel 类对象。

（2）public JPanel(LayoutManager layout)：使用指定的布局管理器创建 JPanel 类对象。

（3）public JPanel(boolean isDoubleBuffered)：使用指定的双缓冲策略创建 JPanel 类对象。

（4）public JPanel( )：创建一个默认使用布局管理器的 JPanel 类对象。

2．JSplitPane 容器

JSplitPane 容器用于创建一个分割面板。它可以将两个组件水平或垂直分隔，并提供一个分隔条。用户可以通过拖动这个分隔条调整组件的大小。JSplitPane 容器提供了以下 5 个构造器。

（1）public JSplitPane( )：创建一个水平分割的 JSplitPane 类对象。

（2）public JSplitPane(int orientation)：使用指定的分隔方向（水平或垂直）创建 JSplitPane 类对象，且参数可选值为 JSplitPane.HORIZONTAL_SPLIT 或 JSplitPane.VERTICAL_SPLIT。

（3）public JSplitPane(int orientation, boolean continuousLayout)：使用指定的方向和重绘方式创建 JSplitPane 类对象。当 continuousLayout 为 true 时，可以在拖动分隔条时实时调整组件大小；当 continuousLayout 为 false 时，仅可以在拖动分隔条结束时调整组件大小。

（4）public JSplitPane(int orientation, Component leftComponent, Component rightComponent)：使用指定的方向和子组件创建 JSplitPane 类对象。

（5）public JSplitPane(int orientation, boolean continuousLayout, Component leftComponent, Component rightComponent)：使用指定方向、重绘方式和子组件创建 JSplitPane 类对象。其中，可以通过设置 continuousLayout 参数来决定分隔条移动时是否实时调整组件大小。在默认情况下，不启用连续布局，以提高性能。

在创建分割面板时，可以指定一个 continuousLayout 参数来确定分割面板是否支持连续布局。如果分割面板支持连续布局，在用户拖动分割条时，可以实时调整两边的组件大小；如果分割面板不支持连续布局，则在用户拖动分割条过程中，两边的组件大小保持不变，只在拖动分割条结束后才可以调整两边的组件大小。JSplitPane 容器默认关闭连续布局特性，因为使用连续布局需要不断重绘两边的组件，从而造成运行效率低。

【例 8.2】JSplitPane 容器的使用。

```
import java.awt.Color;
import javax.swing.JFrame;
```

```java
import javax.swing.JLabel;
import javax.swing.JSplitPane;

public class JSplitDemo {
    private JFrame frame;
    private JSplitPane jsp;                    //水平分割
    private JSplitPane jspl;                   //垂直分割
    private JLabel label1;
    private JLabel label2;
    private JLabel label3;

    public void init( ) {
        frame = new JFrame("窗口分割");
        frame.setSize(600, 400);
        frame.setLocation(400, 100);
        frame.setDefaultCloseOperation(JFrame.EXIT_ON_CLOSE);
        frame.getContentPane( ).setBackground(Color.WHITE);

        label1 = new JLabel("label1", JLabel.CENTER);
        label2 = new JLabel("label2", JLabel.CENTER);
        label3 = new JLabel("label3", JLabel.CENTER);


        //创建水平分割线
        jsp = new JSplitPane(JSplitPane.HORIZONTAL_SPLIT, false);
        jsp.setDividerLocation(80);             //设置水平分割线的位置
        jsp.setDividerSize(7);                  //设置水平分割线的大小
        jsp.setOneTouchExpandable(false);       //设置水平分割线可展开或收起
        jsp.setLeftComponent(label1);
        jsp.setRightComponent(label2);

        //创建垂直分割线
        jspl = new JSplitPane(JSplitPane.VERTICAL_SPLIT, false);
        jspl.setDividerLocation(40);            //设置垂直分割线的位置
        jspl.setDividerSize(7);
        jspl.setOneTouchExpandable(false);
        jspl.setTopComponent(label3);
        jspl.setBottomComponent(jsp);

        frame.add(jspl);
        frame.setVisible(true);
    }

    public static void main(String[] args) {
        //使用事件调度线程创建并显示图形用户界面
        javax.swing.SwingUtilities.invokeLater(new Runnable( ) {
            public void run( ) {
                JSplitDemo fs = new JSplitDemo( );
                fs.init( );
            }
        }
        );
    }
}
```

例 8.2 的程序运行结果如图 8-2 所示。

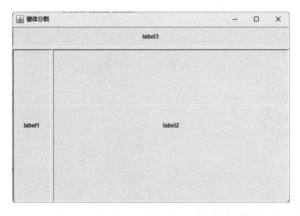

图 8-2　例 8.2 的程序运行结果

3. JScrollPane 容器

JScrollPane 容器基本上由 JScrollBar 容器、JViewport 容器及它们之间的连线组成。JScrollPane 容器具有管理视口的可选的垂直和水平滚动条，以及可选的行和列标题视口。除了滚动条和视口，IScrollPane 容器还具有一个列标题和一个行标题（都是 JViewport 类对象，并可用 setRowHeaderView( ) 和 setColumnHeaderView( )方法指定）。列标题视口可以自动左右滚动，并可以跟踪主视口左右滚动（但是它不会垂直滚动）。行标题的滚动方式与此类似。

在两个滚动条的交汇处或行标题与列标题的交汇处或滚动条与其中一个标题的交汇处，会留下一个默认情况下为空的矩形空间。4 个视图角都有可能存在这些空间。可使用 setComer( )方法替换这些空白空间，以便将组件添加到一个特定视图角。如果想要为滚动窗口增加一些额外的装饰或功能，那么此方法很有用。每个视图角的大小都完全由标题或包围它的滚动条的大小确定。

JScrollPane 容器提供了以下 4 个构造器。

（1）public JScrollPane (Component view, int vsbPolicy, int hsbPolicy)：创建一个 JScrollPane 类对象，将组件显示在一个视口中，视图位置可使用一对滚动条控制，并通过指定滚动条策略确定滚动条在何时显示。

（2）public JScrollPane(Component view)：创建一个显示指定组件内容的 JScrollPane 类对象，并在组件的内容超过视口大小时显示水平和垂直滚动条。

（3）public JScrollPane(int vsbPolicy, int hsbPolicy)：创建一个具有指定滚动条策略的空（无视口的视图）JScrollPane 类对象。

（4）public JScrollPane( )：创建一个空（无视口的视图）JScrollPane 类对象，并使水平和垂直滚动条在需要时都可显示。

【例 8.3】JScrollPane 容器的使用。

```
import java.awt.BorderLayout;
import java.awt.Dimension;
import java.awt.GridLayout;
import java.awt.event.ActionEvent;
import java.awt.event.ActionListener;
import javax.swing.*;

public class JScrollPaneDemo implements ActionListener {
```

```java
JScrollPane scrollPane;

public JScrollPaneDemo( ) {
    JFrame frame = new JFrame("JScrollPane Demo");
    JLabel label1 = new JLabel(new ImageIcon("path_to_image/psb.jpg"));
    JPanel panel1 = new JPanel( );
    panel1.add(label1);
    scrollPane = new JScrollPane(panel1);
    JPanel panel2 = new JPanel(new GridLayout(3, 2));
    JButton b = new JButton("显示水平滚动条");
    b.addActionListener(this);
    panel2.add(b);

    b = new JButton("不要显示水平滚动条");
    b.addActionListener(this);
    panel2.add(b);

    b = new JButton("适时显示水平滚动条");
    b.addActionListener(this);
    panel2.add(b);

    b = new JButton("显示垂直滚动条");
    b.addActionListener(this);
    panel2.add(b);

    b = new JButton("不要显示垂直滚动条");
    b.addActionListener(this);
    panel2.add(b);

    b = new JButton("适时显示垂直滚动条");
    b.addActionListener(this);
    panel2.add(b);

    frame.add(panel2, BorderLayout.WEST);
    frame.add(scrollPane, BorderLayout.CENTER);

    frame.setSize(new Dimension(550, 320));
    frame.setLocationRelativeTo(null);
    frame.setDefaultCloseOperation(JFrame.EXIT_ON_CLOSE);
    frame.setVisible(true);
}

/*
 * 控制 JScrollPane 类对象中是否显示滚动条的 6 个常量：
 * HORIZONTAL_SCROLLBAR_ALWAYS：总是显示水平滚动条
 * HORIZONTAL_SCROLLBAR_AS_NEEDED：需要时显示水平滚动条
 * HORIZONTAL_SCROLLBAR_NEVER：从不显示水平滚动条
 * VERTICAL_SCROLLBAR_ALWAYS：总是显示垂直滚动条
 * VERTICAL_SCROLLBAR_AS_NEEDED：需要时显示垂直滚动条
 * VERTICAL_SCROLLBAR_NEVER：从不显示垂直滚动条
 */
public void actionPerformed(ActionEvent e) {
```

```
String command = e.getActionCommand( );
if (command.equals("显示水平滚动条")) {
    scrollPane.setHorizontalScrollBarPolicy(JScrollPane.HORIZONTAL_SCROLLBAR_ALWAYS);
} else if (command.equals("不要显示水平滚动条")) {
    scrollPane.setHorizontalScrollBarPolicy(JScrollPane.HORIZONTAL_SCROLLBAR_NEVER);
} else if (command.equals("适时显示水平滚动条")) {
    scrollPane.setHorizontalScrollBarPolicy(JScrollPane.HORIZONTAL_SCROLLBAR_AS_NEEDED);
} else if (command.equals("显示垂直滚动条")) {
    scrollPane.setVerticalScrollBarPolicy(JScrollPane.VERTICAL_SCROLLBAR_ALWAYS);
} else if (command.equals("不要显示垂直滚动条")) {
    scrollPane.setVerticalScrollBarPolicy(JScrollPane.VERTICAL_SCROLLBAR_NEVER);
} else if (command.equals("适时显示垂直滚动条")) {
    scrollPane.setVerticalScrollBarPolicy(JScrollPane.VERTICAL_SCROLLBAR_AS_NEEDED);
}
scrollPane.revalidate( );                          //重新加载 JScrollPane 类对象
}

public static void main(String[] args) {
    //使用事件调度线程创建并显示图形用户界面
    javax.swing.SwingUtilities.invokeLater(new Runnable( ) {
        public void run( ) {
            new JScrollPaneDemo( );
        }
    }
    }
}
```

例 8.3 的程序运行结果如图 8-3 所示。

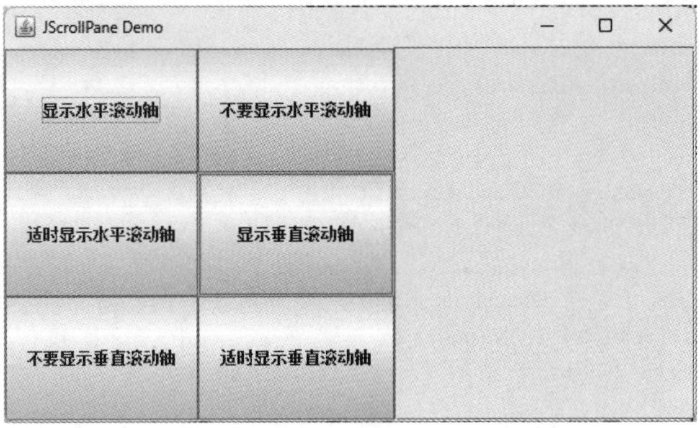

图 8-3　例 8.3 的程序运行结果

4．JToolBar 容器

JToolBar 容器用来将许多组件（通常是带图标的按钮）组织到一行或一列。一般来说，工具栏提供了与菜单栏相对应的便捷访问方式。

要创建一个工具栏（JToolBar 类对象），首先创建希望在工具栏上显示的按钮组件，然后使用 add( )方法将组件添加到工具栏上。

JToolBar 容器提供了以下 4 个构造器。

（1）public JToolBar( )：用来创建新的工具栏，且默认的方向为 HORIZONTAL。

（2）public JToolBar(int orientation)：创建具有指定 orientation 参数的新工具栏。orientation 不是 HORIZONTAL 就是 VERTICAL。

（3）public JToolBar(String name)：创建一个具有指定 name 参数的新工具栏。name 作为浮动式（undocked）工具栏的标题，且默认的方向为 HORIZONTAL。

（4）public JToolBar(String name, int orientation)：创建一个具有指定 name 和 orientation 参数的新工具栏。其他构造器均调用此构造器。如果 orientation 是一个无效值，则系统将出现异常。

【例 8.4】创建工具栏。

```java
import java. awt. BorderLayout ;
import java. awt. Dimension;
import java. net. URL;
import javax. swing. ImageIcon;
import javax. swing. JButton;
import javax. swing. JFrame;
import javax. swing. JPanel;
import javax. swing. JScrollPane;
import javax. swing. JTextArea;
import javax. swing. JToolBar;
import javax. swing. SwingUtilities;
import javax. swing. UIManager;
public class JToolBarDemo {

static final private String PREVIOUS ="previous";
static final private String UP ="up";
static final private String NEXT ="next";
static final private String newline ="\n";
//声明面板对象
JPanel contentPane;
//声明窗口对象
JFrame frame;
public JToolBarDemo( ){
    //创建工具栏
    //创建工具栏对象
    JToolBar toolBar = new JToolBar("还可以拖动");
    //创建文本域和滚动窗口
    JTextArea text Area = new JTextArea(5,30);
    //将文本域设为不可编辑的
    textArea. setEditable( false);
    //将文本域添加到滚动面板中
    JScrollPane scrollPane = new JScrollPane( textArea   );
    //创建内容面板布局工具栏和滚动面板
    //创建边界布局管理器（BorderLayout）的面板对象
    contentPane = new JPanel( new BorderLayout( );
    //设置面板首选大小

    contentPane.setPreferredSize(new Dimension(450,130));
    //将工具栏添加到内容面板上面位置
    contentPane.add(toolBar, BorderLayout.PAGE_START);
    //将滚动面板添加到内容面板中间位置
    contentPane. add( scrollPane, BorderLayout. CENTER   );
}
```

```
//添加工具栏的方法
protected void addButtons(JToolBar toolBar){ JButton button = null;
    //第一个工具栏按钮
    button = makeNavigationButton("back"，PREVIOUS，"返回到上一步"，"Previous");
    toolBar. add(button);
    //第二个工具栏按钮
    button = makeNavigationButton("up",UP，"到上一级"，"Up");
    toolBar. add(button);
    //第三个工具栏按钮
    button = makeNavigationButton("forward"，"NEXT"，"前进到下一步"，"Next");
    toolBar. add(button); }
    //创建工具栏按钮的方法，返回创建的工具栏按钮
    protected JButton makeNavigationButtonCString imageName,String actionCommand,String toolTipText,
String altText   ){
        //查找图标
        String imageLocation ="images/"+ imageName +".gif";
        URL imageURL = JToolBarDemo. class. getResource(imageLocation); //创建并初始化工具栏按钮
        JButton button = new JButton( ); //设置工具栏按钮的动作命令
        button.setActionCommand(actionCommand); //设置工具栏按钮上的提示文本
        button.setToolTipText(toolTipText);
        if(imageURL != null){//找到图标
            button.setIcon(new Imagelcon(imageURL.altText) ); }
    //没找到图标  else {
            button. setText(altText   );       String imgLocation = null;
            System.out. println("没有找到图标："+ imgLocation); }
    return button;
}
    //创建图形用户界面并显示
    private void createAndShowGUI( ){
        //创建并设置窗口
        frame = new JFrame("ToolBarDemo" );
        frame. setDefaultCloseOperation(JFrame. EXIT_ON_CLOSE   );
        //指定内容面板
        frame. setContentPane(contentPane);
        //显示窗口
        frame. pack( );
        frame. setVisible(true);
        }
    public static void main( String[] args ){
        //为事件分发线程预定一个工作：创建并显示图形用户界面
        SwingUtilities.invokeLater(new Runnable( ) {
            public void run( ) {
                UIManager.put("swing.boldMetal", Boolean.FALSE);
                new JToolBarDemo( ).createAndShowGUI( );
            }
        }
    }
}
```

例 8.4 的程序运行结果如图 8-4 所示。

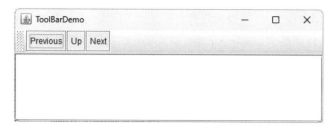

图 8-4　例 8.4 的程序运行结果

三、专用容器

专用容器是指在图形用户界面上具有特殊作用的中间容器，如 JInternal Frame 容器、JLayeredPane 容器等。

1．JInternalFrame 容器

使用 JInternalFrame 容器，可以在一个窗口中显示另一个类似 JFrame 容器的窗口。通常，内部窗口组件会被添加到一个桌面面板中（JDesktopPane 类和 JLayeredPane 类的子类具有管理重叠的内部窗口的应用程序接口）。相应地，将桌面面板作为 JFrame 容器的内容面板。

2．JLayeredPane 容器

JLayeredPane 容器是一个有层次深度的容器，允许组件在需要时互相重叠。当向 JLayeredPane 容器中添加组件时，需要为该组件指定一个深度索引，其中层次索引较高的层里的组件位于其他层的组件之上。

JLayeredPane 容器还将容器的层次深度分成几个默认层，而程序只是将组件放入相应的层，这样就可以确保组件的正确重叠，从而无须为组件指定具体的深度索引。JLayeredPane 容器提供了以下几个默认层。

（1）DEFAULT_LAYER：该层是大多数组件位于的标准层，也是最底层。

（2）PALETE_LAYER：该层是调色板层，位于默认层上。该层对浮动工具栏和调色板很有用，因此可以位于其他组件之上。

（3）MODAL_LAYER：该层用于显示模式对话框。该模式对话框将出现在容器中所有工具栏、调色板等标准组件的上面。

（4）POPUP_LAYER：该层用于显示右键菜单。该右键菜单是与对话框、工具提示和普通组件关联的弹出式窗口，并将出现在对应的对话框、工具提示和普通组件之上。

（5）DRAG_LAYER：该层用于放置拖放过程中的组件。拖放操作中的组件位于所有组件之上。一旦拖放操作结束后，该组件将重新分配到其所属的正常层。

除此之外，也可使用 JLayeredPane 的 moveToFront( )、moveToBack( )和 setPosition( )方法在组件所在层中对其进行重定位，还可以使用 setLayer( )方法更改该组件所属的层。

任务三　基本组件的使用

Swing 基本上为所有 AWT 组件提供了对应组件（除了 Canvas 组件之外，因为 Swing 中无须

继承 Canvas 组件），通常在 AWT 组件的组件名前添加"J"就变成对应的 Swing 组件。

大部分 Swing 组件都是 JComponent 类（抽象类）的直接或间接子类（并不是全部的 Swing 组件），JComponent 类定义了所有子类组件的通用方法，JComponent 类是 AWT 里 java.awt.Container 类的子类，这也是 AWT 和 Swing 的联系之一。绝大部分 Swing 组件类继承了 Container 类，所以 Swing 组件都可以作为容器使用（JFrame 类继承了 Frame 类）。

Swing 组件的类名和对应的 AWT 组件的类名也基本一致，只要在原来的 AWT 组件类名前面添加"J"即可，但有以下几个例外。

（1）JComboBox：对应于 AWT 里的 Choice 组件，但比 Choice 组件功能更丰富。

（2）JFileChooser：对应于 AWT 里的 FileDialog 组件。

（3）JScrollBar：对应于 AWT 里的 Scrollbar 组件，注意两个组件类名中 b 字母的大小写差别。

（4）JCheckBox：对应于 AWT 里的 Checkbox 组件，注意两个组件类名中 b 字母的大小写差别。

（5）JCheckBoxMenuItem：对应于 AWT 里的 CheckboxMenuItem 组件，注意两个组件类名中 b 字母的大小写差别。

下面通过例子来详细学习 Swing 常用的组件。

1．JButton 组件

在 Swing 中，有很多种按钮，如普通按钮、复选框按钮、单选按钮等。它们都是 AbstractButton 类的子类。

【例 8.5】JButton 组件的应用。

```java
import java. awt. FlowLayout;
import javax. swing. JButton;
import javax. swing. JFrame;
public class JButtonDemo {
    //声明按钮对象
    button private JButton button;
    //声明窗口对象
    private JFrame frame;
    public JButtonDemo( ){
        frame = new JFrame("ButtonDemo");        //创建窗口
        frame. setSize(200,100);                 //设置窗口的大小
        frame. setLayout(new FlowLayout(1));     //布局窗口
        frame.setDefaultCloseOperation(JFrame. EXIT_ON_CLOSE);//设置当关闭窗口时自动退出程序
        //设置窗口可见
        frame. setVisible(true);
        button = new JButton("按钮");            //创建按钮
        //设置按钮的大小
        button. setSize(40,60);
        frame. add(button); }
    public static void main( String[] args){
        JButtonDemo jd = new JButtonDemo( );
        }
    }
```

例 8.5 的程序运行结果如图 8-5 所示。

图 8-5　例 8.5 的程序运行结果

2. JCheckBox 组件

JCheckBox 类提供了对复选框按钮的支持。还可以使用 JCheckBoxMenuItem 类将复选框放入菜单。因为 JCheckBox 类和 JCheckBoxMenuItem 类继承了 AbstractButton 类，所以 Swing 复选框具有一般按钮的特性，如可以指定带图像的复选框。

3. JRadioButton 组件

单选按钮是一组在同一时刻只有一个按钮可以被选中的按钮。在 Swing 中，支持单选按钮的是 JRadioButton 类和 ButtonGroup 类。因为 JRadioButton 类继承了 AbstractButton 类，所以单选按钮具有所有按钮的特性。

4. JTextField 组件

在 Swing 中，支持文本框组件的是 JTextFieW 类。该组件用来接收用户输入的单行文本信息。如果需要为文本框设置默认文本，可以通过 JTextFielcKStringtext 构造器创建文本框对象。

5. JTextArea 组件

JTextArea 组件可以显示多行文本，并且允许用户编辑文本。此组件具有 java.awt.TextArea 类中没有的功能。java.awt.TextArea 类只能在内部处理滚动。JTextArea 组件不管理滚动，但实现了 SwingScrollable 接口。JTextArea 组件可以被放置在 JScrollPan 的内部（如果需要滚动行为），或者直接被使用（如果不需要滚动）。

java.awt.TextArea 类具有换行能力，并由水平滚动策略来控制。由于滚动不是由 JTextArea 组件直接完成的，因此必须通过另一种方式来提供向后兼容性。JTextArea 组件具有用于换行的绑定（bound）属性，且该属性控制其是否换行。在默认情况下，换行属性设置为 false（不换行）。

在 Swing 中，JTextArea 组件一般不能单独使用，因为 JTextArea 组件常常用来显示较多文字，一页可能显示不全，因而需要 JScrollPane 容器配合实现滚动显示。

6. JComboBox 组件

JComboBox 组件可以让用户在多个选择项中选择其中的一个。它有不可编辑的组合框（默认形式）和可编辑的组合框两种表现形式。不可编辑的组合框的特征是拥有一个按钮和一个选择值的下拉列表。可编辑的组合框的特征是拥有一个文本框和一个紧挨着的小按钮；用户可以在文本框中输入一个值或单击小按钮显示下拉列表。

【例 8.6】组合框的使用。

```
import java. awt. Container;
import java. awt. GridLayout;
import java. awt. event.
WindowAdapter; import java. awt.
event. WindowEvent; import java.
```

```
util. Vector;
import javax. swing.
BorderFactory; import javax.
swing. JComboBox;
import javax. swing. JFrame;
public class JComboBoxDemo {
    public static void main(String[] args){
        JFrame f = new JFrame("JComboBoxl");
        Container contentPane = f. getContentPane( );
        contentPane. setLayout(new GridLayout(1,2));
        String[] S = { "美国","日本","中国","英国","法国","意大利","澳洲","韩国"}
        Vector<CString> v = new Vector<String>( );
        v. addElement("HUAWEI p10");
        v. addElement("VIVO X20");
        v. addElement("iPHONE 8");
        v. addElement("小米 6");
        v. addElement("LenovoA9");
        v. addElement("其他");
        JComboBox combol = new JComboBox(s);
        combol.addItem("中国");
        //利用 JComboBox 类所提供的 addltem( )方法，加一个项目到 JComboBox 组件
        combol. setBorder(BorderFactory.createTitledBorder("你最喜欢到哪个国家玩?"));
        JComboBox combo2 = new JComboBox(v);
        combo2. setBorder(BorderFactory. createTitledBorder("你最喜欢哪种手机?") );
        contentPane. add(combol);
        contentPane. add(combo2);

        f. pack( );
        f. setVisible(true);
        f. addWindowListener(new WindowAdapter( )){
            public void windowClosing(WindowEvent e){
                System. exit(0);
            }
        }
    }
}
```

7. JSlider 组件

JSlider 组件是一个让用户以图形方式在有界区间内通过移动滑块来选择的组件。其中，滑块可以显示主刻度标记和次刻度标记。如果空间有限，可选择使用 JSpirmer 组件来代替 JSlider 组件。

8. JSpinner 组件

JSpirmer 组件与组合框和列表框相似，可以让用户从一个范围内选择一个值。与可编辑的组合框一样，JSpirmer 组件允许用户输入一个值，但是 JSpirmer 组件没有下拉列表。当 JSpinner 有很多选择项时，它经常被用于代替组合框或列表框。需要注意的是，JSpirmer 组件只被用于显示有明显顺序的值。

JSpinner 组件是一个复合组件，由 3 个小组件组成：两个小按钮和一个编辑器。其中，编辑器是 JComponent 类，默认包含一个格式化文本框的面板。JSpinner 所显示的可能值和当前值由它的 ModeKMVC 中的模型来管理。要创建一个微调选择器，首先要创建它的模型，然后将该模型

传递给 JSpirmer 构造器。

9．JLabel 组件

在 Swing 中，常用来显示信息的就是标签——JLabel 组件。JLabel 组件，可以显示不能选择和修改的文本和图像，还可以显示字符串或图像。

如果创建只包含文本的标签，将要显示的文本传递给 JLabel 构造器即可。例如：

```
JLabellabel=newJLabel("只含有文本的标签");
```

10．JList 组件

JList 组件有许多个选择项供用户选择。这些选择项被显示为一列或多列。通常，将 JList 组件放在一个滚动面板中。当其中的选择项超过一定数量时，可以滚动查看选择项。

如果仅仅希望创建一个简单的列表框（包括 JList 数组和 JComboBox 数组时），则直接使用它们的构造器即可。它们的构造器可接收一个数组对象或任意元素类型的 Vector 对象作为参数。这个数组对象或任意元素类型的 Vector 对象里的所有元素将转换为列表项。

使用 JList 和 JComboBox 来创建简单列表框非常简单，只需要按照以下步骤进行即可。

（1）使用 JList 或者 JComboBox 构造器创建列表框。创建 JList 组件或 JComboBox 组件时，应该传入 Vector 对象或者数组对象作为构造器参数。其中，使用 JComboBox 构造器创建的列表框必须单击右边的向下箭头才会出现。

（2）调用 JList 或 JComboBox 类的各种方法来设置列表框的外观。

11．JProgressBar 组件

使用 JProgressBar 类可以非常方便地创建进度条——JProgressBar 组件。使用 JProgressBar 类创建进度条可按以下步骤进行。

（1）创建一个 JPmgressBar 类对象。在创建该对象时，可以指定 3 个参数。这 3 个参数用于设置进度条的排列方向（竖直和水平）、进度条的最大值和最小值。也可以在创建该对象时不传入这 3 个参数，而是在后面程序中修改这 3 个参数。

（2）调用 JProgressBar 类的常用方法设置进度条的普通属性。

（3）当程序中工作进度改变时，调用 JProgressBar 类的 setValu( )方法。当进度条的完成进度发生改变时，程序还可以调用 JProgressBar 类的以下两个方法。

① doublegetPercentComplete( )：返回进度条的完成百分比。

② StringgetString( )：返回进度字符串的当前值。

相对于 AWT 来说，Swing 具有 4 个额外的功能。

（1）为 Swing 组件设置提示信息。使用 setToolTipText( )方法，为组件设置对用户有帮助的提示信息。

（2）很多 Swing 组件（如按钮、标签、菜单项等）除了使用文字，还可以使用图形修饰自己。为了允许在 Swing 组件中使用图标，Swing 为 Icon 接口提供了一个实现类——ImageIcon 类。该实现类代表一个图像图标。

（3）支持插拔式的外观风格。每个 JComponent 类对象都有一个相对应的 ComponentUI 类对象来完成所有的绘画、事件处理、决定尺寸大小等工作。ComponentUI 类对象依赖当前使用的界面外观。可以使用 UIManager.setLookAndFeeU( )方法改变图形界面的外观风格。

（4）支持设置边框。Swing 组件可以设置一个或多个边框。Swing 提供了各式各样的边框供

用户选择，也能建立组合边框或自己设计边框。

每个 Swing 组件都有一个对应的 UI 类，如 JButton 组件就有一个对应的 ButtonUI 类作为 UI 代理类。每个 Swing 组件的 UI 代理类名总是将该 Swing 组件类名的 J 去掉，然后在后面添加 UI 后缀。UI 代理类通常是一个抽象类。Swing 类库包含了几套 UI 代理类。每套 UI 代理类都几乎包含了所有 Swing 组件的 ComponentUI 实现类。每套这样的实现类都被称为一种 PLAY 实现类。

任务四　菜单

菜单提供了一种节约空间的方式，让用户在多个选择项中选择一项。菜单通常出现在菜单栏上，或者作为一个弹出菜单。一个菜单包含一个或多个菜单项，一般出现在窗口的顶部。弹出菜单是一个不可见的菜单，直到用户在能弹出的组件上做出相应的鼠标动作（如单击）才会出现。

菜单是唯一的，不与其他组件放在一起。菜单位于菜单栏上，因此首先要创建一个菜单栏。在 Swing 中，用 JMenuBar 类对象代表菜单栏，JMenu 类对象代表菜单，JMenuItem 代表菜单项。

【例 8.7】创建菜单。

```java
import javax. swing. ButtonGroup; import javax. swing. ImageIcon;
import javax. swing. JCheckBoxMenuItem; import javax. swing. JFrame;
import javax. swing. JMenu;
import javax. swing. JMenuBar; import javax. swing. JMenuItem;
import javax. swing. JRadioButtonMenuItem; import javax. swing. JScrollPane;
import javax. swing. JTextArea;
public class JMenuDemo {
//声明文本域
JTextArea output;
//声明一个滚动面板
JScrollPane scrollPane;}
//返回一个 JMenuBar 类对象(菜单栏)
public JMenuBar createMenuBar( ){
//声明菜单栏
JMenuBar menuBar;
JMenu menu,submenu;                         //声明两个菜单
JMenuItem menuItem = null;
JRadioButtonMenuItem rbMenuItem;            //声明一个单选按钮菜单项
JCheckBoxMenuItem cbMenuItem;}              //声明一个复选框菜单项
menuBar = new JMenuBar( );                   //创建菜单栏
menu = new JMenu("菜单 A");                   //创建一个菜单
menu. setMnemonic(KeyEvent.VK_A);            //创建快捷键
menuItem. getAccessibleContext( ).setAccessibleDescription("这个菜单项什么也不做");
//将菜单项加入菜单栏中 menu .add(menuItem);
//创建菜单项上显示的图像
ImageIconicon = new ImageIcon("image,gif");  //创建带有图像的菜单项
menuItem = newJMenuItem("含有文本和图标(b)",icon);  //设置带有图像的菜单项快捷键
menuItem.setMnemonic(KeyEvent. VK_B);
//将带有图像的菜单项添加到菜单中
menu,add(menuItem);
menuItem = new JMenuItem("icon");            //创建只带图像的菜单项
menuItem. setMnemonic(KeyEvent. VK_D);       //设置只带图像的菜单项快捷键
//将只带图像的菜单项添加到菜单中
```

```
    menu.add(menuItem);
//创建一组单选按钮菜单项

menu. addSeparator( );                                      //添加分隔符
ButtonGroup group = new ButtonGroup( );                     //创建单选按钮组
rbMenuItem = new JRadioButtonMenuItem("单选按钮菜单项(r)");
//设置 rbrbMenuItem 为选中状态
rbMenuItem. setSelected(true);
//设置快捷键
rbMenuItem. setMnemonic(KeyEvent. VK_0);
group. add(rbMenuItem);                                     //将此单选按钮菜单添加到单选按钮组中
menu.add(rbmenuItem);
rbmenuItem = new JRadioButtonMenuItem("另外一个单选按钮菜单项(o)");
rbMenuItem. setMnemonicCKeyEvent. VK_0);
group. add(rbMenuItem);                                     //创建一组复选框菜单项
menu.add(rbMenuItem);
//添加分割线
menu. addSeparator( );
cbMenuItem = new JCheckBoxMenuItem("一个复选菜单项(c)");
cbMenuItem.setMnemonic(KeyEvent. VK_C);
menu. add(cbMenuItem);
cbMenuItem = new JCheckBoxMenuItem("另外一个复选菜单项(h)");
cbMenuItem.setMnemonic(KeyEvent. VK_H);
menu. add(cbMenuItem);
menu. addSeparator( );
submenu = newJMenu("一个子菜单(s)");
submenu. setMnemonic(KeyEvent. VK_S);                       //设置子菜单快捷键
menuItem = new JMenuItem("子菜单中的一个菜单项" );
submenu.add(menuItem);                                      //将子菜单项添加到子菜单中
menu.add(submenu);                                          //向菜单中添加子菜单


//创建第二个菜单
menu = newJMenu("菜单 B");
menu. setMnemonic(KeyEvent. VK_B);
menuBar. add(menu);
return menuBar; //返回创造好的菜单栏

//返回一个 ImageIcon 对象，如果路径无效，则返回 null
public static ImageIcon createImageIcon ( String path){
    java. net. URL imgURL = JMenuDemo. class. getResource(path); //获取图像文件的路径
if(imgURL != null){
    return new ImageIcon(imgURL); }
else {
    System.out. println("找不到文件"+ path); return null;}
//创建图形用户界面并显示
public static void creatAndShowGUI( ){
    JFrame frame = new JFrame("JMenu" ); //创建和设置窗口
    frame. setDefaultClose( )peration(JFrame. EXIT_ON_CLOSE   ); //设置当关闭窗体时自动退出程序
    JMenuDemo jd = new JMenuDemo( ) ;
    frame. setJMenuBar(jd. createMenuBar( )); //创建并设置菜单栏
    frame. setSize(500,400); frame, setVisible(true);
public static void main(String[] args){ //TODO Auto-generated method stub
```

```
//为事件分发线程预定一个工作：创建并显示本程序的图形用户界面
  Vjavax. swing. SwingUtilities. invokeLater(new Runnable( )){
public void run( ){
    new JPanelDemo( ). createAndShowGUI( );
    }
  }
 }
}
```

菜单项与其他组件一样，只能位于一个容器中。如果将第一个菜单中的菜单项添加到第二个菜单中，那么该菜单项将先从第一个菜单中移出，再添加到第二个菜单中。

任务五　对话框

一个对话框是一个独立的子窗口，在主窗口之外显示临时信息。为了方便，很多 Swing 组件能直接实现并显示对话框。要创建简单、标准的对话框，使用 JOptionPane 类。要创建一个自定义的对话框，直接使用 JDialog 类。

每个对话框都依赖于一个 Frame 组件。当 Frame 组件被删除时，所有依赖于它的对话框也都被删除。当对话框依赖的窗口被最小化时，该对话框也从屏幕消失；当对话框依赖的窗口被最大化时，该对话框重新出现在屏幕上。在 Swing 中，JDialog 类从 AWT 的 Dialog 类继承了这些行为。

对话框可以是模式对话框。当一个模式对话框可视时，它会阻塞用户对于程序中所有其他窗口的输入。JOptkmPane 类创建的对话框都是模式的。要创建一个非模式对话框，必须直接使用 JDialog 类。从 JDK1.6 开始，使用新的 ModalityAPI 可以修改对话框为模式的或非模式的。

JDialog 类是 AWT 中的 java.awt.Dialog 类的子类。它添加了一个根面板容器，并支持对于 Dialog 类对象的默认关闭操作，这些特性与 JFrame 类相同。当使用 JOptionPane 容器来实现一个对话框时，实际上仍然在后台使用一个 JDialog 容器。这是因为 JOptionPane 容器是一个简单的容器，能自动地创建一个 JDialog 容器并将其自身添加到 JDialog 容器的内容面板中。

对话框是一个容器，属于特殊组件。对话框是可以独立存在的顶层窗口中，因此其用法与普通窗口的用法几乎完全一样。对话框有以下两点需要注意。

（1）对话框通常依赖于其他窗口，就是通常有一个 parent 窗口。

（2）对话框有非模式（non-modal）和模式（model）两种。当某个模式对话框被打开之后，该模式对话框总是位于它依赖的窗口之上；在模式对话框被关闭之前，它依赖的窗口无法获得焦点。

【例 8.8】模式和非模式对话框的用法。

```
import java. awt. BorderLayout ;
import java. awt. FlowLayout;

import java. awt. event. ActionEvent;
import java. awt. event. ActionListener;
import javax. swing. JButton;
import javax. swing. JDialog;
import javax. swing. JFrame;
public class JDialogDemo {
    JFrame frame;
```

```
JDialog dialog1;
JDialog dialog2;
JButton button1;
JButton button2;
public void init( ){
    frame = new JFrame("测试");
    dialog1 = new JDialog(frame."模式对话框",true);
    dialog2 = new JDialog(frame."非模式对话框",false);
    button1 = new JButton("打开模式对话框");
    button2 = newJButton("打开非模式对话框");
    dialog1. setBounds(20,30,300,400);
    dialog2. setBounds(20,30,300,400);
    button2. addActionListener(new ActionListener( )){
        public void actionPerformed(ActionEvent e){
            dialog2. setVisible(true);
        }
    }
    button1. addActionListener(new ActionListener( )){
        public void actionPerformed(ActionEvent e){
            dialog1. setVisible(true);
        }
    }
    frame. setSize(400,500);
    frame. setLayout(new FlowLayout(1));
    frame. add(button1);
    frame. add(button2，BorderLayout. SOUTH);
    frame. pack( );
    frame. setVisible(true);
}
public static void main( String[] args){
    JDialogDemodd = new JDialogDemo( );
    dd. init( );
}
}
```

例 8.8 的程序运行结果如图 8-6 所示。

Dialog 类还有一个子类——FileDialog 类。FileDialog 类对象代表一个文件对话框，用于打开或者保存文件。FileDialog 类提供了几个构造器，可分别支持 parent、title 和 mode 构造参数。其中，parent、title 指定文件对话框的所属父窗口和标题；mode 指定该窗口用于打开文件或保存文件，并支持两个参数值——FileDialog.LOAD 和 FileDialog. SAVE。

提示：FileDialog 类不能指定是否为模式对话框或非模式对话框，因为 FileDialog 类依赖于运行平台。如果运行平台的文件对话框是模式的，那么 FileDialog 类对象也是模式的，否则就是非模式的。

FileDialog类提供了以下两个方法来获取被打开/保存文件的路径。

图 8-6　例 8.8 的程序运行结果

（1）getDirectry( )：获取 FileDialog 类被打开/保存文件的绝对路径。

（2）getFile( )：获取 FileDialog 类被打开/保存文件的文件名。

【例 8.9】使用 FileDialog 类来创建打开/保存文件的对话框。

```java
import java. awt. BorderLayout;
import java. awt. FileDialog;
import java. awt. FlowLayout;
import java. awt. event. ActionEvent;
import java. awt. event. ActionListener;
import javax. swing. JButton;
import javax. swing. JFrame;
public class FileDialogDemo {
    JFrame frame = new JFrame("测试"); //创建两个文件对话框
    FileDialog fileDialog=new FileDialog(frame,"选择要打开的文件",FileDialog.LOAD );
    FileDialog fileDialod2=new FileDialog(frame,"选择保存的路径",FileDialog.SAVE );
    JButton button1 = new JButton("打开文件" );
    JButton button2 = new JButton("保存文件" );
    public void init( ){
        button1. addActionListener(new ActionListener( )){
            public void actionPerformed(ActionEvent e){
                fileDialog. setVisible(true    );

                //打印用户选择的文件路径和文件名
                System.out.println(fileDialog. getDirectory( ) + fileDialog. getFile( ) );
            }
        }
        button2. addActionListener(new ActionListener( )){
            public void actionPerformed(ActionEvent e){
                fileDialod2. setVisible(true    );
                //打印用户选择的文件路径和文件名
                System.out.println( fileDialod2. getDirectory( ) + fileDialod2. getFile( ));
            }
        }
        frame. setLayout(new FlowLayout(O) );
        frame. setSize(300,200);
        frame. add(button1);
        frame. add(button2，BorderLayout. SOUTH);
        frame. setVisible(true    );
        public static void main( String[] args){
        FileDialogDemofd = new FileDialogDemo( );
        fd.init( );
        }
    }
}
```

任务六　使用 Action 接口处理行为事件

图形用户界面需要具备与用户交互的功能。所谓"与用户交互"，是指图形用户界面既能显示信息给用户，也能响应用户的操作。这个过程称为"事件处理"。

一、Java 事件处理原理

图形用户界面的程序需要对用户的操作（如单击鼠标、键盘输入等）做出响应，以使用户的操作引发相应的事件。

如果用户在图形用户界面上进行了一个操作（如单击某个按钮或敲击键盘），将引起一个事件的发生。

当事件发生后，图形用户界面程序需要对发生的事件进行处理，称为事件处理，如在文本框中输入字符串、在下拉列表中进行选择等。

为了使图形用户界面能够接收用户的操作，必须给各个组件加上事件处理机制。

在事件处理的过程中，主要涉及以下 3 类对象。

（1）EventSource（事件源）：事件发生的场所，通常就是各个组件，如按钮、窗口和菜单等。

（2）Event（事件）：封装了图形用户界面组件上发生的特定事情（通常就是一次用户操作）。如果程序需要获得图形用户界面组件上所发生事件的相关信息，都通过 Event 取得。

（3）EventListener（事件监听器）：负责监听事件源所发生的事件，并对各种事件做出相应处理。

事件响应的动作实际上就是执行一系列的程序语句，而这些语句通常以方法的形式组织起来。Java 是面向对象的编程语言，方法不能独立存在，因此必须以类的形式来组织这些方法。所以，事件监听的核心就是它所包含的方法，而这些方法又称事件处理器（EventHandler）。当事件发生时，事件会作为参数传给事件处理器（事件监听器的方法）。

当有事件发生时，Java 会产生一个事件对象，并在事件对象中记录有关处理该事件所需要的各种信息。当事件源接收到事件对象时，就会依次启动在该事件源中注册的事件监听器，并将事件对象传递给相应的事件监听器。这些事件监听器接收到该事件对象，获得事件对象中封装的信息，并对事件进行处理。

在 Java 的事件处理模型中，事件监听器只是简单等待，直到收到一个事件。对事件监听器有以下两个要求。

（1）事件监听器必须在事件源上进行注册。

（2）事件监听器必须实现接收和处理事件通知的方法。

Java 这种授权事件模型的优点：使处理事件的应用程序和用来产生事件的用户接口程序相分离；一个用户接口程序可以授权一段特定的代码处理一个事件。

二、Java 事件与事件监听器的类型

用户在图形用户界面的不同操作（如单击鼠标、移动鼠标、键盘输入等）会引发不同类型的事件，而不同类型的事件需要相对应的事件监听器来监听并处理。下面就来介绍 Java 中有什么类型的事件，以及不同类型的事件需要哪些特定类型事件监听器来处理。

在 Java 中，所有的事件类都是从 java.util.EventObject 类派生而来的。图 8-7 给出了 Java 中事件类的继承关系。

在 Java 的事件类中，都是位于 java.awt.event 包和 javax.swing.event 包中。从图 8-7 中可以看出，EventObject 类是所有事件类的父类。

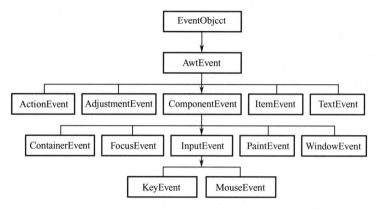

图 8-7　Java 中事件类的继承关系

在 Java 中，事件分为两类：语义事件和低级事件。语义事件指的是用于表达用户动作的事件，如单击按钮、移动滚动条。低级事件是语义事件的基础，如"单击按钮"事件的低级事件包括一次鼠标键的按下、一系列鼠标的移动及一次鼠标键的释放。所以，当按钮被按下、释放、拖动都是低级事件。语义事件如表 8.2 所示。

表 8.2　语义事件

事　　件	事　件　对　象	含　　义
动作事件	java.awt.event.ActionEvent	对应按钮单击、菜单选择、在文本框中按回车键等
调整事件	java.awt.event.AdjustmentEvent	用户调整滚动条的滑块位置
选项事件	java.awt.event.ItemEvent	复选框的选中状态发生变化
文本事件	java.awt.event.TextEvent	文本域或者文本框中的内容发生改变
列表选择事件	javax.swing.event.ListSelectionEvent	列表选项发生变化

低级事件如表 8.3 所示。

表 8.3　低级事件

事　　件	事　件　对　象	含　　义
组件事件	java.awt.event.ComponentEvent	移动组件、改变组件的大小、显示或隐藏组件。它是所有低级事件的基本类
键盘事件	java.awt.event.KeyEvent	键盘上的一个键被按下或者释放，如通过键盘输入字符
鼠标事件	java.awt.event.MouseEvent	按下、释放鼠标键，移动或拖动鼠标
焦点事件	java.awt.event.FocusEvent	组件获得或失去焦点
窗口事件	java.awt.event.WindowEvent	窗口被激活、屏蔽、最小化、最大化或关闭

不同的事件源产生不同类型的事件，对不同类型的事件的处理对应不同的监听器接口及不同的事件处理方法。事件监听器接口一般位于 java.awt.event 和 javax.swing.event 包中。

java.awt.event 和 javax.swing.event 包定义的事件监听器接口的命名一般以 Listener 结尾。这些接口规定了处理相应事件必须实现的基本方法。因此，实际处理事件的类型一般是对应事件监听器的类型。常见的事件监听器类如表 8.4 所示。

表 8.4　常见的事件监听器类

事件监听器类	事件监听器接口	事件处理方法	事　　件
动作事件监听器	java.awt.event.ActionListener	actionPerformed( )	ActionEvent
调整事件监听器	java.awt.event.AdjustmentListener	adjustmentValueChanged( )	adjustmentEveht
选项事件监听器	java.awt.event.ItemListener	itemStateChanged( )	ItemEvent
文本事件监听器	java.awt.event.TextListener	textValueChanged( )	TextEvent
列表选择事件监听器	javax.swing.event.ListSelectionListener	valueChanged( )	ListSelectionEvent
组件事件监听器	java.awt.event.ComponentListener	componentMovedcomponentHidd( )encomponentResizedcomponentShown( )	componentEvent
键盘事件监听器	java.awt.event.KeyListener	keyPressedkeyReleasedkeyTyped( )	KeyEvent
鼠标事件监听器	java.awt.event.MouseListener	mousePressed( )mouseReleased( )mouseEntered( )mouseExited( )mouseClicked( )	MouseEvent
鼠标移动事件监听器	java.awt.event.MouseMotionListener	mouseDragged mouseMoved( )	MouseEvent
焦点事件监听器	java.awt.event.FocusListener	focusGained focusLost( )	FocusEvent
窗口事件监听器	java.awt.event.WindowListener	windowClosing( )windowOpened( )windowlconified( )windowDeiconified( )windowClosed( )windowActivated( )windowDeactivated( )	windowEvent

　　当定义一个事件监听器类时，必须实现相应的事件监听器接口以及该接口中定义的所有事件处理方法。从表 8.4 中可以看出，有些接口要求实现相当多的事件处理方法。但在大多数实际情况下，只要处理某一类型的事件，并不需要实现所有的事件处理方法。

　　在某应用程序中，处理鼠标单击事件时只要实现 MouseListener.mouseClicked( )方法即可。在这种情况下，为了让程序员不用实现相应接口中定义的所有事件处理方法，Java 提供了许多事件适配器类。这些事件适配器类已经实现了相应的接口及接口中的全部事件处理方法，且全部事件处理方法无操作。

　　因此，当程序员在构建自己的事件监听器类时，可以直接从事件适配器类派生出子类，然后只需重新实现所需事件处理方法即可。在 Java 中，事件适配器类如表 8.5 所示。

表 8.5　事件适配器类

事件适配器类	事件监听器类	事件监听器接口
ComponentAdapter（抽象类）	组件事件监听器	java.awt.event.ComponentListener
KeyAdapter（抽象类）	键盘事件监听器	java.awt.event.KeyListener
MouseAdapter（抽象类）	鼠标事件监听器	java.awt.event.MouseListener
MouseMotionAdapter（抽象类）	鼠标移动事件监听器	java.awt.event.MouseMotionListener
FocusAdapter（抽象类）	焦点事件监听器	java.awt.event.FocusListener
WindowAdapter（抽象类）	窗口事件监听器	java.awt.event.WindowListener

从表 8.5 中可以看出，Java 提供的事件适配器类均为抽象类。

三、处理动作事件

要使程序能够处理用户在图形用户界面所触发的动作事件，必须在程序中完成以下 3 个步骤。

（1）创建一个动作事件监听器。动作事件监听器类为实现了 java.awt.event.ActionListener 接口的 Java 普通类。

（2）实现动作事件监听器接口中的一个或一组事件处理方法。java.awt.event.ActionListener 接口中只有一个事件处理方法——actionPerformed( )。所以，实现 java.awt.event.ActionListener 接口的事件监听器类，只需 actionPerformed( )方法即可。

3）为产生动作事件的组件添加一个事件监听器。通过调用组件的事件监听器添加方法，即 addActionListener(ActionListener)，向一个事件源组件注册动作事件监听器。

【例 8.10】处理按钮触发的动作事件。

```java
import java . awt . Button;
import java . awt . Color;
import java . awt . FlowLayout;
import java . awt . Frame;
import java . awt . event . ActionEvent;
import java . awt . event . ActionListener;
import java . awt . event . KeyEvent;
import java . awt . event . KeyListener;
public class JButtonActionDemo extends Frame implements KeyListener,ActionListener{
    private Buttonb1;
    private Buttonb2;
    public JButton Action Demo(int i,int j){
        addKeyListener(this);
        setLayout(newFlowLayout(1));
        b1=newButton("yellow");
        b1.addActionListener(this);
        b1.addKeyListener(this);
        b2=newButton("blue");
        b2.addActionListener(this);
        b2.addKeyListener(this);
        setSize(i,j);
        add(b1);
        add(b2);
        pack( );
        setVisible(true);
        this.setFocusable(true);
        //实现 java.awt.event.ActionListener 接口的事件处理方法
        public void action Performed(ActionEventa){
            if(a.getActionCommand( ).equals("yellow")){
                b1.setBackground(Color,red);
                b2.requestFocus( );
                //单击 button1 时把事件焦点给 b2
            }elseif(a.getActionCommandO.equals("blue")){
                b2.setBackground(Color.BLUE);
        } //实现 java.awt.event.KeyListener 的 3 个事件处理方法
```

```
        public void keyTyped(KeyEvente){
            System .out.println("KeyTyped"+""+e); }
        public void keyPressed(KeyEvente){
            System.out.println("KeyPressed"+""+e); }
    public void keyReleased(KeyEvent e){
        System .out.println("KeyReleased"+""+e);
    }
    public static void main(String[]args){
        JButtonActionDemomy=new
        JButtonActionDemo(300,300); my.setSize(200,200);
    }
}
```

四、处理选项事件

选项事件指的是当多个单选或复选按钮的状态发生变化时触发的事件。选项事件通常发生在用户改变复选框、单选按钮或组合框的选择项时。

要使用户能够处理用户所触发的选项事件，必须完成以下 3 个步骤。

（1）创建一个选项监听器类，选项事件监听器类实现了 java.awt.event.ItemListener 接口的 Java普通类。

（2）实现选项事件监听器接口中的一个或一组事件处理方法。java.awt.event.ItemListener 接口中只有一个事件处理方法——itemStateChanged( )。所以，实现 java.awt.event.ItemListener 接口的事件监听器类，只需实现 itemStateChanged( )方法即可。

（3）为产生选项事件的组件注册一个事件监听器。通过调用组件的事件监听器添加方法，即addltemListener(ItemListener)，向一个事件源组件注册选项事件监听器。

处理选项事件的过程：选项事件由 java.awt.event.ItemEvent 接口捕获并封装事件的详细信息。当选项事件被触发时，封装的事件信息（ItemEvent 对象）会传递给已经注册的选项事件监听器，在这个监听器中就可以使用 ItemEvent 对象的方法来获得事件源的相关信息。ItemEvent 对象有如下两个比较常用的方法：

getltemSelectable( )：返回触发此事件的事件源组件对象，返回值为 Object 类。

getStateChanged( )：返回值为 ItemEvent.DESELECTED 常量或 ItemEvent.SELECTED 常量。

处理其他事件的编码方式与此类似，读者可自行查阅相关文档，此处不再赘述。

五、实现事件监听器的不同方式

事件监听器是一个特殊的 Java 对象，实现事件监听器有以下几种方式。

（1）内部类方式：将事件监听器类定义成当前类的内部类。

（2）外部类方式：将事件监听器定义成一个外部类。

（3）当前类方式：让当前类实现监听器接口或继承事件适配器。

（4）匿名内部类方式：使用匿名内部类创建事件监听器对象。

在本项目示例程序中，所有事件监听器类都是内部类。使用内部类可以很好地复用事件监听器类，也可以自由访问外部类的所有图形用户界面组件，这是内部类的两个优势。

使用外部类定义事件监听器类的方式比较少见，主要有以下两个原因。

（1）事件监听器通常属于特定的图形用户界面类，定义成外部类不利于提高程序的内聚性。

（2）外部类方式的事件监听器不能自由访问创建图形用户界面类中的组件，编程不够简洁。

如果某个事件监听器确实需要被多个图形用户界面所共享，而且主要是完成某种业务逻辑的实现，则可以考虑使用外部类方式来定义事件监听器。

项目小结

本项目介绍了 Java 中用于图形用户界面开发的 AWT 类库的相关内容，重点介绍了各种容器、组件、布局管理器和事件处理。其中，容器和组件的综合运用是本项目的重点和难点，读者只有根据具体需求灵活运用各种组件才能设计出友好的图形用户界面，并利用其事件处理机制实现程序的各项功能。

思考与练习

一、选择题

1．在编写图形用户界面程序时，一定要引入的包是（　　）。

  A．importjava.awt;　　　　　　　　　　B．importjava.awt.*;

  C．importjavax.awt;　　　　　　　　　　D．importjavax.swing;

2．在下列说法中，错误的是（　　）。

  A．组件是一个可视化的能与用户交互的对象

  B．组件必须放在容器里才能正确显示出来

  C．组件能独立显示

  D．组件中还能放置其他组件

3．在下列关于窗口的说法中，错误的是（　　）。

  A．对于窗口来说，可以调用其 setVisible( )方法来显示

  B．对于窗口来说，也可以调用其 show( )方法来显示

  C．要正确显示窗口，必须为其设置合适的尺寸，否则尺寸为 0，不会被正常显示

  D．窗口中可以添加面板容器

4．在下列说法中，错误的是（　　）。

  A．TextArea 可以显示多行多列文本

  B．TextField 可以显示单行多列文本

  C．Component 类是抽象类，其他的组件类都是该类的子类

  D．Container 类不是 Component 类的子类

5．在下列选项中，不属于 AWT 布局管理器的是（　　）。

  A．GridLayout　　　　B．CardLayout　　　　C．FlowLayout　　　　D．BoxLayout

6．在下列说法中，错误的是（　　）。

  A．若采用 GridLayout 布局管理器，则容器中每个组件平均分配容器的空间

  B．若采用 GridLayout 布局管理器，则容器大小改变时各组件将不再平均分配容器空间

  C．若采用 GridLayout 布局管理器，则容器中的组件按照从左到右、从上到下的顺序被放

入容器

    D．若采用 GridLayout 布局管理器，则容器中各个组件形成一个网格状布局

7．在下列说法中，不正确的是（　　　）。

    A．事件处理对象也可以是一个组件

    B．在 Java 中，事件也是类

    C．事件源是一个组件

    D．事件处理对象接受事件对象，然后做出相应的处理

8．在下列说法中，错误的是（　　　）。

    A．在 TextField 组件中，按 Enter 键会触发 ActionEvent 事件

    B．与 ActionListener 接口对应的适配器类是 ActionAdapter 类

    C．MouseEvent 类与 KeyEvent 类都是 InputEvent 类的子类

    D．Frame 是顶层容器，无法直接监听键盘输入事件

二、简答题

1．如何创建标题为 Address 的标签？如何改变标签的名字？

2．如何创建一个 5 行 10 列的文本区？

3．如何创建一个复选框且使其初始状态为选中状态？

4．如何知道复选框是否被选中？如何取消其选中状态？

5．简述创建单选按钮组的过程。

6．为什么要使用布局管理器？窗口和面板默认的局管理器各是什么？

7．如何为组件注册一个事件监听器？如何实现一个事件监听器接口？

三、编程题

1．参考网络资料，制作一个简单的企业信息调查表，其主要内容有企业名称、注册资金（只能为整数）、员工数量（只能为整数）、从事行业（机构组织、信息产业、医药卫生、机械机电，只能选择其一）、年营业额（浮点数）、利润率（浮点数）。

2．为窗口菜单栏增加一个"编辑"主菜单项，在其中增加"复制""剪切""粘贴"3 个子菜单项，并为子菜单项注册事件监听器，以及编写相应的处理程序。

项目九

多线程

线程（Thread）是指程序中从头到尾完成一个任务的执行线索。到现在为止，前面项目所涉及的程序都是单线程运行的。但现实中的很多过程其实具备多条线索同时执行的特点，如 Internet 上的服务器可能需要同时响应多个客户机的请求。

多线程是指同时存在几个执行体，按几条不同的执行线索共同工作的情况。Java 允许在一个程序中并发地运行多个线程，使得编程人员可以很方便地开发具有多线程功能、能同时处理多个任务的功能强大的应用程序。多线程可以使程序反应更快、交互性更强，并能提高程序的执行效率。

▶ 任务一 Java 中的线程

程序是一段静态的代码，是应用软件执行的脚本。进程是程序的一次动态执行，对应着从代码加载、执行至执行完毕的一个完整的过程。这个过程也是进程本身从产生、发展至消亡的过程。线程是比进程更小的执行单位。一个进程在执行过程中可以产生多个线程，每个线程是一个动态过程，也有一个从产生到消亡的过程。

操作系统分时管理各个进程，按时间片轮流执行每个进程。Java 的多线程就是在操作系统每次分给 Java 程序一个时间片来完成若干独立的可控制的线程之间的切换。如果计算机有多个处理器，且虚拟机可以充分利用这些处理器，那么 Java 程序在同一时刻就能获得多个时间片，也就可以获得真实的同步线程执行效果。

多个线程可以共享相同的内存单元（包括代码和数据），并利用这些共享内存单元来实现数据交换、实时通信等操作。同时，Java 提供了锁定资源功能（同步操作）以避免冲突。

当一个 Java 应用程序运行时，Java 解释器为 main( )方法开始一个线程，这个线程又称主线程。如果在 main( )方法中再创建了新的线程，则这个新的线程称为主线程中的线程。虚拟机在主线程和其他线程之间轮流切换，保证每个线程都有机会使用 CPU 资源。main( )方法即便执行完 Java 应用程序最后的语句，虚拟机也不会结束该 Java 应用程序；只有所有线程都结束之后，才结束该 Java 应用程序。

当 Java 小程序运行时，Web 浏览器就开始一个线程运行该 Java 小程序。

▶ 任务二 线程的生命周期

在 Java 中，使用 Thread 类及其子类的对象来表示线程。新建的线程在它的一个完整的生命周期内通常要经历新建、就绪、运行、阻塞、死亡 5 种状态。

1．新建状态

当一个 Thread 类或其子类的对象通过 new 关键字和构造方法被声明并创建时，该线程对象处于新建状态。此时，它已具备了相应的内存空间和其他资源。处于新建状态的线程可以通过调用 Start( )方法进入就绪状态，也可以进入死亡状态。

2．就绪状态

处于就绪状态的线程已经具备了运行的条件，但尚未分配到 CPU 资源，因而它将进入线程队列中排队，等待系统为它分配 CPU。该线程一旦获得了 CPU 资源，就进入运行状态，并自动地调用自己的 run( )方法。此时，它脱离创建它的主线程，独立开始了自己的生命周期。

3．运行状态

运行状态是指线程获得 CPU 资源正在执行任务的状态。当虚拟机将 CPU 使用权切换给线程时，如果线程是 Thread 类的子类创建的，那该类中的 run( )方法立即执行。

在运行状态时，如果调用当前线程的 stop( )方法或 destroy( )方法，则该线程可进入死亡状态；如果调用当前线程的 join(millis)或 wait(millis)方法，则该线程可进入阻塞状态，而在毫秒内若由其他线程调用 notify( )或 notifyAll( )方法，则可将其唤醒而进入就绪状态；如果调用 sleep(milliS)方法，则该线程可实现睡眠且睡眠毫秒后重新进入就绪状态；如果调用 suspend 方法，则该线程可实现挂起，进入阻塞状态；如果调用 resume 方法，则可使该线程进入就绪状态；若分配给当前线程的时间片用完，则当前线程进入就绪状态；若当前线程的 run( )方法执行完，则当前线程进入死亡状态。

4．阻塞状态

如果由于某种原因，如执行了 suspend( )、join( )或 sleep( )方法，使正在运行的线程让出 CPU 使用权并暂停自己的执行，则该线程进入阻塞状态。这时，只有引起该线程阻塞的原因被消除才能使该线程回到就绪状态。

5．死亡状态

处于死亡状态的线程不再具有继续运行的能力。线程死亡的原因有两个：一是正常运行的线程完成了它的全部工作；二是线程被提前强制性地终止，如通过执行 stop( )或 destroy( )方法终止线程。

【例 9.1】使用 Thread 类创建主线程、子线程 1 以及子线程 2，并实现主线程和子线程 1、子线程 2 之间的切换。

```java
class ExampleThread extends Thread {
    ExampleThread(String s)
    { setName(s);                              //调用 Thread 类的 setName( )方法为线程起名
    }
    public void run( )
    {     for(int i=1;i<=5;i++)
        { System. out .println("我是子线程: "+getName( ) ); }
    }
}
```

```
public class ExecOfThread
    {
        public static void main( String args []   ) {
        ExampleThread threadl,thread2;
        thread1=new ExampleThread("线程 1");              //新建线程
        thread2=new ExampleThread("线程 2");              //新建线程
        thread1. start( );                               //启动线程
        {
            System. out. println("我是主线程"); }
        thread2.start( );                                //启动线程
        }
    }
```

从例 9.1 的程序运行结果可以看出，虚拟机首先将 CPU 资源给主线程，而主线程在使用 CPU 资源时执行了启动子线程的操作，然后 CPU 资源在主线程和子线程 1、子线程 2 之间进行切换；子线程在完成所有操作后进入死亡状态；在主线程完成所有操作后，虚拟机结束整个进程。

任务三　线程的优先级和调度管理

在 Java 中，运行的每个线程都有优先级；设置优先级是为了在多线程环境中便于系统对线程进行调度；优先级高的线程将优先得到运行；线程的优先级分为 10 个级别，且数值越大表示优先级越高；未设定优先级的线程其优先级取默认值 5。Java 的优先级设置遵循以下原则。

（1）线程创建时，子线程继承父线程的优先级。

（2）线程创建后，可在程序中通过调用 setPriority( )方法改变线程的优先级。

（3）线程的优先级是 1～10 之间的正整数，并用标识符常量 MIN_PRIORITY 表示优先级为 1，用 NORM_PRIORITY 表示优先级为 5，用 MAX_PRIORITY 表示优先级为 10。其他级别的优先级可以直接用 1～10 之间的正整数（除 5 外）来设置，也可以在标识符常量的基础上加一个常数。例如，下面语句将线程的优先级设置为 6。

```
setPriority(Thread. N0RM_PRI0RITY+3)
```

【例 9.2】使用 Thread 类创建 No1、No2 及 No3 线程，并设置 No1 线程的优先级为 1，No2 线程的优先级为 6，No3 线程的优先级为 10，且编程实现体现这 3 个线程执行的先后顺序。

```
public class ThreadPriorityProcessing
{
        public static void main( String[] args) {
        Thread First = new MyThread("No1");              //创建 No1 线程
        First .setPrioxity(Thread.MIN—PRIORITY);         //设置 No1 线程优先级为 1
        Thread Second = new MyThread("No2");             //创建 No2 线程
        Second. setPriority(Thread.N0RM_PRI0RITY+1);     //设置 No2 线程优先级为 6
        Thread Third = new MyThread("No3");              //创建 No3 线程
        Third.setPriority(Thread.MAX_PRIORITY    );      //设置 No3 线程优先级为 10
        First.start( );
        Second.start( ); Third.start( );
        }
}
class MyThread extends Thread
```

```
{
    String message;
    MyThread(String message   ) {
        this.message = message;
    }
    public void run( ) {
        for(int i=0;i<2  :  i++)
            System.out.println(message+""+getPriority( ) ); }
}
```

运行结果如下：

```
No2   6
No1   1
No3   10
No1   1
No2   6
No3   10
```

例 9.2 的程序有 3 个线程，由于 No3 线程的优先级高于 No1 和 No2 线程，所以首先执行 No3
线程，最后才轮到执行 No1 线程。

在实际编程中，不建议使用线程的优先级来保证算法的正确执行。要编写正确、跨平台的多
线程代码，必须假设线程在任何时间都可被剥夺 CPU 资源的使用权。

任务四　扩展 Thread 类创建线程

在 Java 中，用 Thread 类或子类创建线程对象。

Thread 类的构造方法有多个，其中常用的有 public Thread( ), public Thread(Runnable target),
public Thread(String name), public Thread (Runnable target, String name)。

Thread 类提供了许多用于控制线程的方法，其中最关键的方法是 public voidrun( )。这个方法
是从 Runnable 接口继承来的。用户可以扩展 Thread 类，但需要重写 run( )方法。这样做的目的是
规定线程的具体操作，否则线程就什么也不做（因为父类的 run( )方法中没有任何操作语句）。

【例 9.3】创建并运行 3 个线程：线程 1——打印 100 次 A；线程 2——打印 100 次 B；线程
3——打印整数 1～100。为了并行运行 3 个线程，需要为每个线程创建一个可运行对象。由于前
两个线程有同样的功能，可以把它们定义在同一个线程类内。

```
public class ThreadClassCreateThread
    public static void main( String[] args ) {
        PrintChar print a = new PrintChar('A',100);      //创建线程 1
        PrintChar printB = new PrintChar('B',100);       //创建线程 2
        print100= PrintNum(100);
        print100.start( );                               //启动线程
        print a.start( );
        printB.start( );
    }
}
class PrintChar extends Thread {
private char charToPrint;
```

```
    private int times;
    public PrintChar(char c,int t ) {
        charToPrint = c;
        times = t;
    }
    public void run( )
    {
        for(int i = 1; i < times;           i++)
        {
            System.out.print(charToPrint    );
            if(i%20==0)
                System.out.println( ); }
        }
    }
class PrintNum extends Thread
{
    private int lastNum;        //打印次数
    public PrintNum(int n    )
    {
        lastNum = n;
    }
    public void run( )
    {
        for(int i=1; i <= lastNum; i++) {
            System。out.print("" + i);
            if(i%20==0)
            System.out.println( ); }
        }
    }
}
```

从例 9.3 的程序及其运行结果中可以看出，在主线程中，可以通过调用 start( )方法开始一个线程；3 个线程共享 CPU，并在控制台上轮流打印字母和数字；当 run( )方法执行完毕后，整个线程就结束了。

任务五　实现 Runnable 接口创建线程

使用 Thread 子类创建线程的优点：可以在子类中增加新的成员变量，使线程具有某种属性；可以在子类中增加新的方法，使线程具有某种功能。但是，由于 Java 不支持多继承，所以 Thread 类的子类不能再扩展其他类。

创建线程的另一个途径就是用 Thread 类直接创建线程对象。使用 Thread 类创建线程对象时，通常使用的构造函数是：

Thread(Runnable target)

该构造函数的参数是一个 Runnable 接口。因此，在创建线程对象时必须向构造函数的参数传递一个实现 Runnable 接口的实例，该实例对象称为所创线程的目标对象。

【例 9.4】利用 Runnable 接口创建线程并运行 3 个线程：线程 1——打印 5 次 A；线程 2——打印 5 次 B；线程 3——打印整数 1～5。

```
public class RunnableInterfaceCreateThread {
    public static void main  ( String[] args )
    {
        Thread print a = new        Thread(new PrintChar('A',5));
        Thread printB = new         Thread(new PrintChar('B',5));
        Thread print5 = new print5.start(new,PrintNum(5));
        print5.start( );
        print a.start( );
        printB.start( );
    }
}
class PrintChar implements    Runnable {
    private char charToPrint; private int times;
    public PrintChar(char c,int t    ) {
        charToPrint = c;
        times = t;
    }
    public void run( )
    {
        for(int i = 1; i <=times; i++)
            System.out.print("" +charToPrint   );
    }
}
class PrintNum implements Runnable
{
    private int lastNum;
    public PrintNum(int n    ) {
        lastNum = n;
    }
    public void run( )
    {
        for(int i=1; i <=lastNum; i++)
            System.out.print("" + i);
    }
}
```

例 9.4 的程序通过实现 Runnable 接口创建线程。当线程调用 Start( )方法后，在它使用 CPU 资源时，目标对象就会自动调用接口中的 run( )方法，即接口回调。

任务六　常用方法

Thread 类包含下面几种常用的方法。

1．start( )方法

start( )方法用于启动线程的执行。此方法引起 run( )方法的调用，且在调用 run( )方法后立即返回。如果线程已经启动，再调用此方法就会引发 IllegalThreadStateException 异常。

2．run( )方法

Java 虚拟机调用 run( )方法来执行线程。当用户需要创建自己的线程类时，应重写 run( )方法并且提供线程执行的代码。run( )方法不能被可运行对象直接调用。

3．sleep(int millsecond)方法

线程可以在 run( )方法中调用 sleep( )方法来休眠一段时间。休眠时间的长短由 sleep( )方法的参数——millsecond（休眠时间，单位是 ms）决定。如果线程在休眠时被打断，Java 虚拟机会抛出 InterruptedException 异常。

4．isAlive( )方法

isAlive( )方法用于检查线程是否处于运行状态。

5．currentThread( )方法

currentThread( )方法用于返回当前处于运行状态的线程对象。

6．interrupt( )方法

interrupt( )方法用于中断一个正在运行的线程。

7．isInterrupt( )方法

isInterrupt( )方法用于测试当前线程是否被中断。

8．setPriority(int p)方法

setPriority(int p)方法用于设置线程的优先级 p（范围 1～10 级）。

9．setName(Stringname)方法

setName(Stringname)方法用于设置该线程名为 name。

10．getName( )方法

getName( )方法用于获取并返回此线程名。

11．activeCount( )方法

activeCount( )方法用于返回线程组中当前活动的线程数量。

12．wait( )方法

wait( )方法用于将线程处于暂停状态，等待对象变化后另一个线程的通知。

13．notify( )方法

notify( )方法用于唤醒一个等待的线程。

▶ 任务七　线程同步

由于 Java 支持多线程，具有并发功能，从而大大提高了计算机的处理能力。在各线程之间不存在共享资源的情况下，几个线程的执行顺序可以是随机的。但是，当两个或两个以上的线程需

要共享同一资源时，线程之间的执行顺序就需要协调，并且在某个线程占用这一资源时，其他线程只能等待。

如生产者和消费者的问题，只有当生产者生产出产品并将其放入商店货架后，消费者才能从货架上取走产品进行消费。当生产者没有生产出产品时，消费者是没法消费的。同理，当生产者生产的产品堆满货架时，应该暂停生产，等待消费者消费。

在程序设计中，可用两个线程分别代表生产者和消费者，可将货架视为任意时刻只允许一个线程访问的资源。在这个问题中，两个线程要共享货架这一资源，需要在某些时刻(货空/货满)协调它们的工作，即货空时消费者应等待，而货满时生产者应等待。为了保证不发生混乱，还可进一步规定，在生产者往货架上放货物时不允许消费者取货物，而当消费者从货架上取货物时不允许生产者放货物。

这种机制在操作系统中称为线程间的同步。

在处理线程同步时，访问资源的程序段使用关键字 synchronized 来修饰，并通过一个称为监控器的系统软件来管理。当执行被 synchronized 修饰的程序段时，监控器将这段程序访问的资源加锁，此时称该线程占有资源。在这个程序段调用执行完毕之前，其他占有资源的线程一旦调用这个程序段，就会引发堵塞。堵塞的线程要一直等到堵塞的原因消除，再排队等待资源，以便使用这个程序段。

关键字 synchronized 修饰程序段的语法格式如下：

Synchronized [类]方法或语句块

下面通过一个例子来说明线程的同步问题。

【例 9.5】生产者和消费者的同步问题。

```
public class Threadsynchronization
{
    public static void main( String[] args    ) {
        HoldInt h = new HoldInt( );
        ProduceInt p = new ProduceInt(h);
        ConsumeInt c = new ConsumeInt(h);
        p.start( );
        c.start( );
    }
}
class HoldInt
{
    private int sharedInt;
    private Boolean writeAble = true;
    public synchronized void set(intval) {
        while( !writeAble    ) {
            try{wait( );
            }catch(InterruptedException e){ } }
        writeAble = false;
        sharedInt = val;
        notify( );
    }
    public synchronized int get( )
    {
        while(writeAble    ) {
```

```
            try{ wait( ); }
            catch(InterruptedException e){ } }
        writeAble = true;
        notify( );
        return sharedInt;
    }
}
class ProduceInt extends Thread
{
    private HoldInt h;
    public ProduceInt(HoldInt h) {
        this.h = h;
    }
    public void run( )
    {
        for(int i=l;i<=4;i++) {
            h.set(i);
            System.out .println("产生的新数据是: "+ i); }
    }
}
class ConsumeInt extends Thread
{
    private HoldInt h;
    public ConsumeInt(HoldInt h) {
        this.h = h;
    }
    public void run( )
    {
        for(int 1=1/i<=4;i++) {
            intval = h .get( );
            System.out.print in("读到的数据是: "+val);
        }
    }
}public class Threadsynchronization
{
    public static void main( String[] args    ) {
        HoldInt h = new HoldInt( );
        ProduceInt p = new ProduceInt(h);
        ConsumeInt c = new Consumelnt(h);
        p.start( );
        c.start( );
    }
}
class HoldInt
{
    private int sharedInt;
    private Boolean writeAble = true;
    public synchronized void set(intval) {
        while( !writeAble   ) {
            try{wait( ); }
            catch(InterruptedException e){ } }
        writeAble = false;
```

```
                sharedInt = val;
                notify( );
        }
        public synchronized int get( )
        {
                while(writeAble   ) {
                        try{ wait( ); }
                        catch(InterruptedException e){ }
                }
                writeAble = true;
                notify( );
                return sharedInt;
        }
}
class ProduceInt extends Thread
{
        private HoldInt h;
        public ProduceInt(HoldInt h) {
                this.h = h;
        }
        public void run( )
        {
                for(int i=l;i<=4;i++) {
                        h.set(i);
                        System.out .println("产生的新数据是: "+ i); }
        }
}
class ConsumeInt extends Thread
{
        private HoldInt h;
        public ConsumeInt(HoldInt h) {
                this.h = h;
        }
        public void run( )
        {
                for(int 1=1/i<=4;i++) {
                        intval = h .get( );
                        System.out.print in("读到的数据是: "+val); }
        }
}
```

在例 9.5 的程序中，共享数据 sharedInt 的方法 set( )和 get( )的修饰符 synchronized 使 HoldInt 类的每个对象都有一把锁。当 ProduceInt 类对象调用 set( )方法时，HoldInt 类对象就被锁定。当 set( )方法中的数据成员 writeAble 值为 true 时，set( )方法就可以向数据成员 sharedInt 中写入一个值，而 get( )方法不能从 sharedInt 上读出值。如果 set( )方法中的 writeAble 的值为 false，则调用 set( )方法中的 wait( )方法，把调用 set( )方法的 ProduceInt 类对象放到 HoldInt 类对象的等待队列中，并将 HoldInt 类对象的锁打开，使该对象的其他 synchronized( )方法可被调用。

ConsumeInt 类对象调用 get( )方法的情况与上述情况类似。

任务八　线程组

线程组（Thread Group）是线程的一个集合。Java 系统的每个线程都属于某一个线程组。有些程序包含相当多的具有功能类似的线程。采用线程组结构后，可以将功能类似的线程作为一个整体进行操作。例如，可以同时启动、挂起或者唤醒一个线程组中的所有线程。

在多数情况下，一个线程属于哪个线程组是由编程人员在程序中指定的，若没有被指定，则 Java 系统会自动将这些线程归于 main 线程组。main 线程组是 Java 系统启动时创建的。一个线程组不仅可以包含多个线程，还可以包含其他的线程组，构成树形结构。一个线程可以访问本线程组的有关信息，但无法访问本线程组的父线程组。

使用线程组的主要步骤如下。

（1）使用构造函数 ThreadGroup 来构造线程组：

ThreadGroup g = new ThreadGroup("thread group");

其中，组名必须是唯一的字符串。

（2）使用 Thread 构造函数，将一个线程放入线程组中：

Thread t = new Thread(g,new ThreadClass( ),"This thread");

new ThreadClass( )创建了 ThreadClass 类的一个可运行实例。

（3）使用 activeCount( )确定线程组中有多少个线程处于运行状态：

g.activeCount( );

（4）使用 getThreadGroup( )方法查找线程属于哪一个线程组。

项目小结

本项目介绍了 Java 的多线程知识，具体内容包括进程与线程的概念、线程的创建与启动方法、线程的调度方法以及线程的同步机制等。其中，线程的同步机制是本项目的难点，其关键是掌握同步方法的使用。

思考与练习

一、选择题（可多选）

1. 下面是关于进程和线程一些说法，其中错误的是（　　）。
   A. 每个进程都有自己的内存区域　　　　B. 一个进程中可以运行多个线程
   C. 线程是 Java 程序的并发机制　　　　D. 线程可以脱离进程单独运行
2. 以下方法中，用于定义线程执行体的方法是（　　）。
   A. start( )方法　　　　　　　　　　　B. main( )方法
   C. init( )方法　　　　　　　　　　　D. run( )方法

3．下列说法中错误的是（　　）。

    A．Java 中线程是抢占式的　　　　　　　　B．Java 中线程是分时式的

    C．Java 中线程可以共享数据　　　　　　　D．Java 中线程不能共享数据

4．下面是关于线程调度方法的一些说法，其中错误的是（　　）。

    A．sleep( )方法可以让当前线程放弃 CPU 资源

    B．调用 yield( )方法后线程进入就绪状态

    C．join( )方法使当前线程执行完毕再执行其他线程

    D．以上说法都错

5．下面用于声明同步方法的关键字是（　　）。

    A．yield　　　　　　　　B．start　　　　　　　　C．run　　　　　　　　D．synchronized

6．下列说法中错误的是（　　）。

    A．线程的调度执行是按照其优先级的高低顺序执行的

    B．一个线程创建好后即可立即运行

    C．用户程序类可以通过实现 Runnable 接口来定义程序线程

    D．解除处于阻塞状态的线程后，线程便进入就绪状态

二、简答题

1．什么是进程和线程？两者的区别是什么？

2．线程的生命周期中都有哪些状态？它们之间如何转换？

3．Java 中创建线程的两种方式是什么？

4．线程的调度有哪些方法？各有什么功能？

5．为什么在多线程中要引入同步机制？如何实现线程的同步？

三、编程题

1．编写一个程序，模拟 3 个人排队买票：张某、王某和李某买电影票，售票员只有 3 张 5 元人民币，而一张电影票需要 5 元人民币才能购买到。张某排在王某的前面用一张 20 元人民币买电影票，王某排在李某的前面用一张 10 元人民币买电影票，李某用一张 5 元人民币买电影票。

2．编写一个程序，该程序由两个线程组成：第一个线程用来计算 2～1000 之间的质数个数；第二个线程用来计算 1000～2000 之间的质数个数。

项目十

网络编程

所谓计算机网络就是把分布在不同地理区域的计算机与专门的外部设备用通信线路互联成一个规模大、功能强的网络系统，从而使众多的计算机可以方便地互相传输信息，共享硬件、软件、数据通信等资源。

计算机网络是现代通信技术与计算机技术相结合的产物。计算机网络可以提供以下一些主要功能。

（1）资源共享。

（2）信息传输与处理。

（3）均衡负荷与分布处理。

（4）综合信息服务。

计算机网络的品种很多，根据各种不同的分类原则，可以得到各种不同类型的计算机网络。计算机网络通常按规模大小和延伸范围可以分为局域网（LAN）、城域网（MAN）、广域网（WAN），其中 Internet 可以被视为世界上最大的广域网。计算机网络按网络的拓扑结构可以分为星型网络、总线网络、环线网络、树型网络、星型环线网络等。计算机网络按网络的传输介质可以分为双绞线网、同轴电缆、光纤网和卫星网等。

任务一　Java 的网络支持

Java 是一种面向网络环境发展起来的编程语言，具有强大的网络通信支持功能。Java.net 包包含许多与通信有关的类，可以实现获取网络资源、建立通信连接和传递本地数据等网络应用。

在 Java 中，网络支持机制主要面向两大类应用：一类是高层次的网络通信，用于访问 Internet 上的资源；另一类是低层次的网络通信，用于客户/服务器（Client/sever，C/S）模式的应用和某些特殊协议的应用。

java.net 包让 Java 程序能够通过网络进行通信。这个包为简单的网络操作提供了跨平台，包括使用常见的 Web 协议建立连接和传输文件以及创建套接字，并结合使用输入/输出流，通过网络读/写文件几乎与读/写本地磁盘文件一样容易。

一、InetAddress 类的使用

在 Internet 上通信时，必须知道 Internet 地址，InetAddress 类对象用来存储远程系统的 Internet 地址。该对象的方法中有许多与 Internet 地址相关的操作。

Java 提供了 InetAddress 类来代表 IP 地址。InetAddress 类下面还有两个子类 Inet4Address、Inet6Addresse。它们分别代表 Internet Protocol version4(IPv4)地址和 Internet Prolocol version6(IPv6) 地址。

InetAddress 类没有提供构造器，而是提供了以下两个静态方法来获取 InetAddress 类实例。

（1）getByName(Stringhost)：根据主机获取对应的 InetAddress 类对象。

（2）getByAddress(byte[] addr)：根据原始 IP 地址获取对应的 InetAddress 类对象。

InetAddress 类还提供了如下三个方法获取 InetAddress 类实例对应的 IP 地址和主机名。

（1）String getCanonicalHostName( )：获取此 IP 地址的全限定域名。

（2）String get Host Address( )：返回该 InetAddress 类实例对应的 IP 地址字符串（以字符串形式）。

（3）String getHostName( )：获取此 IP 地址的主机名。

除此之外，InetAddress 类提供了一个 getLocalHost( )方法获取本机 IP 地址对应的 InetAddress 类实例。当查找不到本地机器的地址时，就会触发一个 UnknowHostException 异常。InetAddress 类还提供了一个 isReachable( )方法，用于测试是否可以到达该地址。该方法将尽最大努力试图到达主机，但防火墙和服务器配置可能阻塞它的请求，使得它在访问某些特定的端口时处于不可达状态。例 10.1 测试了 netAddress 类的简单用法。

【例 10.1】利用 InetAddress 类对象获取计算机主机信息。

```
import java. net. InetAddress;
import java. net. UnknownHostException;
public class TestlnetAddress {
    public static void main( String[] argv ){
        try {
            InetAddress iads = InetAddress. getByName("www. baidu. com" );
            System. out. println("Host name:"+ iads. getHostName( ) );
            System. out. println("Host IP Address:"+ iads. toString( ) );
            System. out. println("Local Host:"+ InetAddress. getLocalHost( ) );
        } catch(UnknownHostException e){
            System. out. println(e. toString( ) );
        }
    }
}
```

运行结果如下：

Host name:www.baidu.com
Host IP Address:www.baidu.com/61.1.16.125
LocalHost:PC-202308295789/51.69.149.175

、URLDecoder 类和 URLEncoder 类的使用

1. URLDecoder 类

URLDecoder 类包含了将字符串从 application/x-www-form-urlencoded MIME 格式解码的静态方法。URLDecoder 类使用的过程正好与 URLEncoder 类使用的过程相反。假定已编码的字符串中的所有字符为"a"到"z"、"A"到"Z"、"0"到"9"以及"*"符之一，将它解释为特殊转义序列的开始。转换中使用以下规则。

（1）字符"a"到"z"、"A"到"Z"和"0"到"9"保持不变。

（2）特殊字符".""—""*""_"保持不变。

（3）加号"+"转换为空格字符" "。

（4）将"% xy"格式序列视为一个字节，其中 xy 为该字节的两位十六进制表示形式。然后，将所有连续包含一个或多个这些字节序列的子字符串被其编码可生成这些连续字节的字符所代替。可以指定对这些字符进行解码的编码机制，如果未指定，则使用平台的默认编码机制。

该解码器处理非法字符串有两种可能的方法：一种方法是不管该非法字符；另一种方法是抛出 IllegalArgumentException 异常。第一种解码方法在 javal.3 和 javal.2 中使用；第二种解码方法在 javal.4 和更新的版本中使用。如果拿不定主意用哪种编码机制，那就选择 UTF-8。它比其他任何的编码形式更有可能得到正确的结果。

如果字符串包含了一个"%"，但紧跟其后的不是两位十六进制数或者被解码成非法序列，该方法就会抛出 IllegalArgumentException 异常。当下次再出现这种情况时，IllegalArgumentException 异常可能就不会被抛出了。这是与运行环境相关的，当检查到有非法序列时，抛不抛出 IllegalArgumentException 异常是不确定的。

2．URLEncoder 类

HTML 格式编码的实用工具类。该类包含了将字符串转换为 application/x-www-form-urlencoded MIME 格式的静态方法。对字符串编码时，使用以下规则。

（1）字符"a"到"z"、"A"到"Z"和"0"到"9"保持不变。

（2）特殊字符".""-""*""_"保持不变。

（3）空格字符" "转换为一个加号"+"。

（4）所有其他字符都是不安全的，因此首先使用一些编码机制将它们转换为一个或多个字节。然后每个字节用一个包含 3 个字符的字符串"% xy"表示，其中 xy 为该字节的两位十六进制表示形式。推荐的编码机制是 UTF-8。但是，出于兼容性考虑，如果未指定编码机制，则使用平台的默认编码机制。

例如，使用 UTF-8 编码机制，字符串"The string Ü@foo-bar"将转换为"The+string+%C3%BC%40foo-bar"。在 UTF-8 中，字符 Ü 编码为两个字节——C3（十六进制）和 BC（十六进制）；字符@编码为一个字节 40（十六进制）。

URLEncoder 类包括一个简单的静态方法 encode( )。它对字符串以如下规则进行编码：

```
public static String encode (String s,String encoding)throws UnsupportedEncodingException
```

以上两种关于编码的方法，都把任何非字母和数字字符转换成% xy（除了空格、下画线、连字符、句号和星号），也都编码所有的非 ASCII 字符。所以，Web 浏览器会自然地处理这些被编码后的 URL。

【例 10.2】URLDecoder 类和 URLEncoder 类的使用。

```
import java. net. URLDecoder;
import java. net. URLEncoder;
public class URLDecoderEncoder {
    public static void main( String[] args   ){
        String sir= "@sir de caractere@,nr. 1290   'paragraf 3 "; try{
            String sir_codat = URLEncoder. encode( sir,"UTF-8");
            String sir_decodat = URLDecoder. decode(sir_codat,"UTF-8");
            System. out. println(sir);
```

```
        System. out. println(sir_codat);
        System. out. println(sir decodat); }
    catch(java. io. UnsupportedEncodingException e) {
        System. out. println("Eroare:"+ e. getMessage( ) ); }
    }
}
```

运行结果如下：

```
@sir de caractere@,nr. 1290 paragraf 3
% 40sir+de+caractere %40% 2Cnr. +1290+ % 27paragraf + 3 % 27
@sir de caractere@,nr. 1290 paragraf 3
```

三、URL 类和 URLConnection 类的使用

URL(Uniform Resource Locator)代表统一资源定位器，是指向互联网"资源"的指针。其中，资源可以是简单的文件或目录，也可以是对更为复杂对象的引用，如对数据库或搜索引擎的查询。在通常情况下，URL 可以由协议名、主机、端口和资源组成，即满足如下格式：

protocol://host:port/resourceName.

其中，protocol 是网络资源所用的传输协议，如 HTTP（超文本传输协议）或者 FTP（文件传输协议）等；host 是文件所在的主机名或主机地址；port 是主机上用于连接 URL 的端口号。

由于一般的通信协议都已经规定好了开始联络时的通信端口号。例如，HTTP 协议的默认端口号是 80；FTP 协议的默认端口号是 21 等。所以，当 URL 使用协议的默认端口号时，可以不写出端口号。一般的 URL 地址只包含传输协议、主机名和资源文件名就足够了。

1. URL 类

1）URL 类的分类

（1）绝对 URL 类：绝对 URL(absolute URL)类显示文件的完整路径，这意味着绝对 URL 类本身所在位置与被引用的实际文件位置无关。

（2）相对 URL 类：相对 URL(relative URL)类以包含 URL 类本身的文件夹位置为参考点，描述目标文件夹位置。如果目标文件与当前页面（也就是包含 URL 类的页面）在同一个目录，那么这个文件的相对 URL 类仅仅是文件名和扩展名。如果目标文件在当前目录的子目录中，那么它的相对 URL 类是子目录名，其后面是斜杠，然后是目标文件的文件名和扩展名。

如果要引用文件层次结构中更高层目录中的文件，那么使用两个句点和一条斜杠。可以组合和重复使用两个句点和一条斜杠，从而引用当前文件所在的硬盘上的任何文件。

一般来说，对于同一个服务器上的文件，应该使用相对 URL 类，以便输入，以及将页面从本地系统转移到服务器上。只要每个文件的相对位置保持不变，链接就是有效的。

要访问网络上的某个资源，必须创建一个 URL 类对象。创建 URL 类对象要使用 java.net 软件包中提供的 URL 类的构造方法。

URL 类的构造方法有很多种。不同的构造方法通过不同的参数形式向 URL 类对象提供组成 URL 类的各部分信息。可以通过这些方法创建 URL 类对象。

2）public URL(String spec)

这个构造方法通过一个完整的 URL 地址的字符串 spec 创建一个 URL 类对象,若字符串 spec 中使用的协议是未知的，则抛出 MalformedURLException 异常，且在创建 URL 类对象时必须捕

获这个异常。

（1）public URL(String protocol,String host,String file)。

这个构造方法用指定的 URL 协议名、主机名和文件名创建 URL 类对象，若使用的协议是未知的，则抛出 matformeoCORLException 异常。

（2）public URL(String protocol,String host,String port,String file)。

这个构造方法与上一个构造方法相比，增加了一个指定端口号的参数。

3）public URLCURL(context,String spec)

这个构造方法用于创建相对的 URL 类对象。其中，参数 context 为 URL 类对象，用于指定 URL 位置；参数 spec 是描述文件名的字符串。如果给出的协议为 null，则抛出 MalfomiedURLException 异常。URL 类对象创建后，可以使用 java.net.URL 成员方法对创建的对象进行处理。常用的 java.net.URL 成员方法有：

（1）public int getPort( )：获取端口号，若端口号未设置，则返回-1。

（2）public String getProtocol( )：获取协议名，若协议未设置，则返回 null。

（3）public String getHost( )：获取主机名，若主机名未设置，则返回 null。

（4）public String getFile( )：获取文件名，若文件名未设置，则返回 null。

（5）public String getRef( )：获取文件的相对位置，若文件的相对位置未设置，则返回 null。

（6）public boolean equals(Object obj)：与指定的 URL 类对象 obj 进行比较，如果相同，则返回 true，否则返回 false。

【例 10.3】URL 类的使用。

```
import java. io. BufferedReader;
import java. io. IOException;
import java. io. InputStream;
import java. io. InputStreamReader;
import java. net. URL;
public class TestURL {
    public static void main(String[] args)      throws IOException {
        if(args. length != 1){
            System. err. println("usage:java TestURL url");
            return;
            URL url = new URL(args[0]);
            System. out. println("Authority =" + url. getAuthority( ) );
            System. out. println("Default port =" + url. getDefaultPort( ) );
            System. out. println("File =" + url. getFile( ) );
            System. out. println("Host =" + url. getHost( ) );
            System. out. println("Path =" + url. getPath( ) );
            System. out. println("Port =" + url. getPort( ) );
            System. out. println("Protocol =" + url. getProtocol( ) );
            System. out. println("Query =" + url. getQuery( ) );
            System. out. println("Ref =" + url. getRef( ) );
            System. out. println("User Info =" + url. getUserInfo( ) ); System. out. println( );
            InputStream is = url. openStream( );
            BufferedReader in = new BufferedReader( new InputStreamReader (is));
            //使用 openStream( )方法得到一个输入流并构造一个 BufferedReader 类对象。
            String inputLine;
            while( (inputLine = in. readLine( ) )!= null)//从输入流不断读数据，直到读完
                System. out. println(inputLine);//把读入的数据打印到屏幕上
```

```
                    in.close( );//关闭输入流
            }
        }
```

运行结果如下：

```
Authority = www. baidu. com Default port =80 File
Host = www. baidu. com Path = Port = - 1
Protocol = http Query = null Ref = null User Info = null
<! DOCTYPE htmlX!——STATUS OK ——
><html><head><meta   (内容太多，此处省略)
```

在例 10.3 中，URL 类的 openStream( )方法返回 InputStream 类，并把一个 InputStream 类对象包装进 InputStreamReader 类，进而把结果对象包装进 BufferedReader 类，然后调用其 readLine( )方法。

2．URLConnection 类

URLConnection 类也在 java.net 包中定义。它表示 Java 程序和 URL 在网络上的通信连接。当与一个 URL 建立连接时，首先要在一个 URL 类对象上通过 openCormection( )方法生成对应的 URLConnection 类对象。例如，下面的程序段首先生成一个指向地址的对象，然后用 openCormection( )方法打开该 URL 类对象上的一个连接，返回一个 URLConnection 类对象，如果连接过程失败，则将产生 IOException 异常。

```
try{
    URL uibeAddress = new URL(http://edu. chinaren. com. index,shtml" );
    URLConnection tc = uibeAddress.openCormection( );
}catch(MalformedURLException e){//创建 URLConnection 类对象失败
……
}catch}catch(lOException e){ //openConnection( )方法失败
……
}
```

URLConnection 类提供了很多方法来设置或获取连接参数。在程序设计时，URLConnection 类最常使用的是 getlnputStream( )和 getOutputStream( )方法，并通过返回的输入/输出流与远程对象进行通信。

创建 URLConnection 类对象可以通过 URL 类对象的 openConnection( )方法来完成。例如：

```
URL MyURL = new URL("http://ww w. qqhru. edu cn.");
URLConnection con= MyURL. openConnection( );
```

URLConnection 类对象的常用方法包括：

（1）intgetContentLength( )：获得文件的长度。

（2）String getContentType( )：获得文件的类型。

（3）long getDate( )：获得文件创建的日期。

（4）long getLastModified( )：获得文件最后修改的日期。

（5）InputStream getlnputStream( )：获得输入流，以便读文件的数据。

（6）OutputStream getOutputSteam( )：获得输出流，以便写文件。

（7）void connect( )：打开 URL 引用资源的通信连接。

读取或写入远方的计算机节点信息时，首先要建立输入或输出数据流，利用 URLConnection

类的成员方法 getInputStream( )和 getOutputStream( )来获取它的输入输出数据流。例如，下面的语句用于建立输入数据流：

```
InputStreamReader ins= new InputStreamReaderCcon. getInputStream( ));
BufferedReader in = new BufferedReader(ins);
```

而下面的语句用于建立输出数据流：

```
PrintStream out = new PrintStream(con. getOutputStream( ) );
```

若读取远方计算机节点的信息，则调用 in.readLine( )方法；若向远方计算机节点写入信息，则调用 out.println（参数）方法。

任务二　基于 TCP/IP 的网络编程

TCP/IP 是一种可靠的网络协议。它在通信的两端各建立一个套接字（Socket），从而在通信的两端之间形成网络虚拟链路；一旦建立了虚拟的网络链路，两端的程序就可以通过虚拟链路进行通信。Java 对基于 TCP/IP 的网络通信提供了良好的封装，Java 使用 Socket 类对象来代表两端的通信端口，并通过套接字产生输入/输出流来进行网络通信。

一、TCP/IP

IP 是英文 Internet Protocol（网络互连协议）的缩写，就是为计算机网络相互连接进行通信而设计的协议。在 Internet 中，它是使连接到网上的所有计算机网络实现相互通信的一套规则。任何厂家生产的计算机系统，只要遵守 IP 就可以与 Internet 互联互通。

要使两台计算机彼此能进行通信，必须使两台计算机使用同一种"语言"，IP 只保证计算机能发送和接收分组数据，负责将消息从一台主机传送到另一台主机，且消息在这个传送过程中被分制成一个个的小包。

尽管计算机通过安装 IP 软件，保证了计算机之间可以发送和接收数据，但 IP 还不能解决数据分组在传输过程中可能出现的问题。因此，若要解决可能出现的问题，计算机还需要安装 TCP来提供可靠并且无差错的通信服务。

TCP 是一种端对端协议，这是因为它对两台计算机连接起了重要作用。当一台计算机需要与另一台远程计算机连接时，TCP 会让它们建立一个连接，即用于发送和接收数据的虚拟链路。

TCP 负责收集这些信息包，并将其按适当的次序放好传送，接收端收到后再将其正确地还原。TCP 保证了数据包在传送中准确无误。TCP 使用重发机制——当一个通信实体发送一个消息给另一个通信实体后，需要收到另一个通信实体的确认信息，如果没有收到另一个通信实体的确认信息，则会再次重发刚才发送的信息。

通过这种重发机制，TCP 向应用程序提供了可靠的通信连接，使它能够自动适应网上的各种变化。即使在 Internet 暂时出现阻塞的情况下，TCP 也能够保证通信的可靠性。TCP 控制两个通信实体互相通信的示意如图 10-1 所示。

综上所述，虽然 IP 和 TCP 这两个协议的功能不尽相同，也可以分开单独使用，但它们是在同一时期作为一个协议来设计的，并且在功能上也是互补的。只有两者结合起来，才能保证 Internet在复杂的环境下正常运行。凡是要连接到 Internet 的计算机都必须同时安装和使用这两个协议。

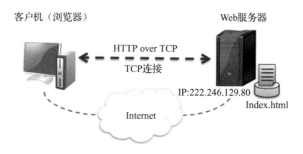

图 10-1　TCP 控制两个通信实体互相通信的示意

二、套接字概念及通信机制

网络上的两个程序通过一个双向的通信连接实现数据的交换，这个双向链路的一端称为套接字（Socket）。套接字通常用来实现客户端和服务端的连接。

开发网络通信软件需要采用非常重要的套接字机制，它提供了一系列调用函数，形成了传输层上给应用程序的网络接口。使用这种机制，位于不同地域、不同机型的计算机能够实现网络上的通信进程，从而完成信息的传输和处理。套接字的设计思想是模仿 UNIX 操作系统对文件的处理方式来进行网络通信进程的操作，把网络通信进程作为网络上两端口的输入/输出（I/O）活动，以此定义了套接字描述符。套接字提供了若干可由应用程序使用的系统调用接口，即 Socket 接口，来满足网络通信进程的需要。

网络通信进程的关键是要解决进程的标识和多传输协议的标识问题以及进程间相互作用的模式。在网络通信中，需要一个三元组标识一个进程，即一个套接字包括协议、本地地址、本地端口号。而一个完整的网络通信进程需要由两个进程组成（服务器端和客户端进程）。因此，必须用一个五元组标识一个完整的网络通信进程，即一个完整的套接字包括协议、本地地址、本地端口号、远地地址、远地端口号，其中一个确定的网络通信进程只能使用同一个内核的高层协议，不能通信的一端用 TCP 而另一端用 UDP。每一个套接字有一个本地唯一的 Socket 号，由操作系统分配。一个本地套接字号完整地描述了本地通信进程以及与之通信的远地通信进程。套接字的语义具有网络一致性，准确地描述了网络进程。因此，套接字机制的关键是建立客户和服务器之间的相关。

套接字机制提供了两种通信方式：有连接和无连接方式，分别面向不同的应用需求。使用有连接方式时，通信链路提供了可靠的全双工的字节流服务。在该方式下，通信双方必须创建一个连接过程并建立一条通信链路，以后的网络通信操作完全在这一对进程之间进行，通信完毕即关闭此连接过程。使用无连接方式时，其系统开销比有连接方式小，但通信链路提供了不可靠的数据报服务，不能保证信源所传输的数据一定能够到达信宿。在该方式下，通信双方不必创建一个连接过程和建立一条通信链路，且网络通信操作在不同的主机和进程之间转发进行。

Java 在 java.net 包中提供了两个类 ServerSocket 和 Socket，分别用来表示双向连接的客户端和服务器端。

三、创建 ServerSocket 类

使用套接字进行客户端/服务器端通信的一般连接过程：服务器端监听某个端口是否有连接请求，客户端向服务器端发出连接请求，服务器端向客户端发回接收消息，一个连接就建立起来了。

然后，服务器端和客户端可以通过 Send( )和 Write( )等方法与对方通信。

Java 中能接收其他通信实体连接请求的类是 ServerSocket 类。ServerSocket 类对象用于监听来自客户端的套接字连接，如果没有连接，将一直处于等待状态。

为了创建 ServerSocket 类对象，ServerSocket 类提供了以下几个构造器。

（1）ServerSocket(int port)：创建绑定到特定端口的服务器套接字。

（2）ServerSocket(int port, int backlog)：利用指定的 backlog 创建服务器套接字并将其绑定到指定的本地端口。

（3）serSocket(int port, int backlog, InetAddress bindAddr)：使用指定的端口、侦听 backlog 和要绑定到的本地 IP 地址创建服务器套接字。

在创建套接字时如果发生错误，将产生 IOException 异常，在程序中必须对之做出处理。所以在创建套接字或 ServerSocket 类时必须捕捉或抛出异常。

当 ServerSocket 类使用完毕后，应使用 ServerSocket 类的 close( )方法来关闭该 ServerSocket 类。在通常情况下，服务器端不应该只接收一个客户端请求，而应该不断地接收来自客户端的所有请求，所以 Java 程序通常会通过循环语句不断地调用 ServerSocket 类的 accept( )方法。ServerSocket 类的 accept( )方法如下。

Socket accept( )：如果接收到一个客户端套接字的连接请求，则返回一个与客户端套接字对应的套接字，否则该方法将一直处于等待状态，线程也被阻塞。

```
创建一个 ServerSocket 类，用于监听客户端套接字的连接请求
ServerSocket ss= new ServerSocket(30000);
采用循环语句不断地接收来自客户端的请求
While(true)
{//每当接收客户端套接字的请求时，服务器端也对应产生一个 Socket 类
Socket s = ss. Accept( );
//下面就可以使用 Socket 进行通信了
……
}
```

在上面程序中，若创建 ServerSocket 类没有指定 IP 地址，则该 ServerSocket 将会绑定到本机默认的 IP 地址；使用 30000 作为该 ServerSocket 类的端口号。通常，推荐使用 1024 以上的端口，主要是为了避免与其他应用程序的通用端口冲突。

四、创建 Socket 类

1．Socket 类的构造函数

（1）Socket(InetAddress address, int port)：创建一个流套接字并将其连接到指定 IP 地址的指定端口。

（2）Socket(String host, int port)：创建一个流套接字并将其连接到指定主机上的指定端口。

（3）Socket(SocketImpl impl)：创建带有用户指定的 SocketImpl 类的未连接套接字。

（4）Socket(String host, int port, InetAddress localAddr, int localPort)：创建一个套接字并将其连接到指定远程主机上的指定远程端口，套接字还会被捆绑到提供的本地地址和端口。

2．Socket 类的常用方法

（1）InputStream getInputStream( )：获得 Socket 类的输入流。

（2）OutputStream getOutputStream( )：获得 Socket 类的输出流。

（3）void cloSe( )：断开连接，并释放所占用的资源。

（4）InetAddress getlnetAddress( )：返回这个套接字的本地地址。

看到这两个方法返回的 InputStream 和 OutputStream，读者就可以明白 Java 在设计 IO 体系上的苦心了——不管底层的输入/输出流是怎样的（节点流也好，文件流也好，网络套接字产生的流也好），程序都可以将其包装成处理流，以方便处理。下面以一个最简单的网络通信程序为例介绍基于 TCP/IP 的网络通信。

【例 10.4】使用 TCP/IP，创建 ServerSocket 类和 Socket 类来进行网络通信。

服务器端：建立 ServerSocket 类监听，使用套接字获取输出流。

```java
import java. io. IOException;
import java. io. PrintStream;
import java. net. ServerSocket;
import java. net. Socket;
public class Server {
    public static void main( String[] args   )throws IOException {
    //创建一个 ServerSocket 类，用于监听客户端套接字的连接请求
    ServerSocket ss = new ServerSocket(30000);
    System. out. println("您已进入服务器端:" );
    //采用循环语句不断接受来自客户端的请求
    while(true){
        //每当接收到客户端套接字的请求，服务器端也对应产生一个套接字
        Socket Socket s = ss. accept( );
        //将套接字对应的输出流包装
        PrintStream PrintStream ps = new PrintStream(s. getOutputStream( ) );
        //进行普通输入/输出操作
        ps.println("您好，您收到了服务器的新年祝福!" );
        //关闭输出流，关闭套接字
        ps. close( );        s. close( );
    }
}
```

客户端：使用套接字建立与指定 IP 地址、指定端口的连接，并使用套接字获取输入流读取数据。

```java
import java. io. BufferedReader;
import java. io. IOException;
import java. io. InputStreamReader;
import java. net. Socket;
public class Client {
    public static void main( String[] args   )throws IOException {
Socket socket = new Socket("127.0.0.1",30000);
//将套接字对应的输入流包装
BufferedReader BufferedReader br = new BufferedReader(new InputStreamReader (socket.
getInputStream( ) ) );
//进行普通输入/输出操作
String line = br. readLine( );
System. out. println("来自服务器的数据: "+ line); //闭输入流、套接字
br. close( );
socket. close( );
    }
}
```

运行结果如下：

服务器端：
您已进入服务器端：
客户端：
来自服务器的数据：您好，您收到了服务器的新年祝福！
先运行程序中的 Server 类，将看到服务器一直处于等待状态，因为服务器使用了死循环来接收来自客户端的请求；再运行 Client 类，将看到程序输出："来自服务器的数据：
您好，您收到了服务器的新年祝福！"，这表明客户端和服务器端通信成功。

注意：上面程序只是通过 ServerSocket 类和 Socket 类建立连接，并通过底层输入/输出流进行了通信，但没有进行异常处理，也没有使用 finally 语句块来关闭资源。

在实际应用中，程序可能不想让执行网络连接、读取服务器数据的进程一直阻塞，而是希望当网络连接、读取操作超过合理时间之后，系统自动认为该操作失败，这个合理时间就是超时时长。Socket 类对象提供了一个 setSoTimeout(int timeout)方法来设置超时时长。例如：

```
Socket s = new Socket("127. 0.0. 1",30000);
//设置 10s 之后即认为超时
s. setSoTimeout(10000);
```

当我们为 Socket 类对象指定超时时长之后，如果在使用套接字进行读、写操作完成之前超出了该时间限制，那么这些方法就会抛出 SocketTimeoutException 异常，且程序可以对该异常进行捕获，并进行适当处理。

假设程序需要为套接字连接服务器时指定超时时长，即经过指定时间后，如果该套接字还未连接到远程服务器，则系统认为该套接字连接超时。但 Socket 类的所有构造器里都没有提供指定超时时长的参数，所以程序应该先创建一个无连接的套接字，再调用 Socket 类的 connect( )方法来连接远程服务器，而 connect( )方法就可以接收一个超时时长参数。例如：

```
//创建一个无连接的套接字
Socket Socket s = new Socket( );
//让该套接字连接到远程服务器，如果经过 10s 还没有连接上，则认为连接超时
s. connect(new InetAddress(host,port). 10000);
```

五、Client/Server 程序设计

对于一个功能齐全的套接字，可以实现以下基本操作。

（1）创建套接字。

（2）打开连接到套接字的输入/输出流。

（3）按照一定的协议对套接字进行读/写操作。

（4）关闭套接字。

前面提供的 Client/Server 程序只能实现套接字和一个客户的对话。在实际的应用中，往往是在服务器上运行一个永久的程序。它可以接收来自多个客户端的请求，提供相应的服务，并可以使用多线程实现客户机制。服务器总是在指定的端口上监听是否有客户请求，一旦监听到客户请求，服务器就会启动一个专门的服务线程来响应该客户的请求，而服务器本身在启动完线程马上又进入监听状态，等待下一个客户的到来。

【例 10.5】使用套接字进行客户和服务器端交互。

服务器端包含两个类：一个是创建 ServerSocket 类监听的主类，一个是负责处理每个套接字

通信的线程类。创建 ServerSocket 类监听的主类代码如下：

```java
import java.io. IOException;
import java.net. ServerSocket;
import java.net. Socket;
import java.util. ArrayList;
public class Server2 {
    public class socketList { }
    //定义保存所有套接字
    public static ArrayList<Socket> socketList = new ArrayList<Socket>( );
    public static void main( String[] args    ) throws IOException {
        ServerSocket ss = new ServerSocketC30000);
        while(true   ) {//此行代码会阻塞，将一直等待别人的连接
            Socket s = ss. accept( );
            socketList. add(s);
            //每当客户端连接后启动一条线程为该客户端服务
            new Thread(new ServerThread(s)). start( );
        }
    }
}
```

该程序实现了服务器端只负责接收客户端套接字的连接请求，每当客户端套接字连接到该 Server Socket 类之后，程序将对应套接字加入 socketList 集合中保存，并为该套接字启动一个线程，该线程负责处理该套接字所有的通信任务，服务器端线程类的代码如下：

```java
import java.io. BufferedReader ;
import java.io. IOException;
import java.io. InputStreamReader;
import java.io. PrintStream;
import java.net. Socket;
public class ServerThread implements Runnable {
    //定义当前线程所处理的套接字
    Socket s = null;
    //该线程所处理的套接字所对应的输入流
    BufferedReader br = null;
    public ServerThread( Socket s)throws IOException {
        this . s = s;
        //初始化该套接字对应的输入流
        br = new BufferedReader(new InputStreamReader(s. tInputStream( )));
    public void run( ){
        try {
            String content = null;
            //采用循环语句不断从套接字中读取客户端发送过来的数据
            while( (content = readFromClient( ) )!= null){ //遍历 socketList 中的每个套接字
            //将读到的内容向每个套接字发送一次
                for( Socket s:Server2. socketList    ){
                    PrintStream ps = new PrintStream( s .getOutputStream( ));
                    ps. println(content    );
                }
            }
        }catch(IOException e){
        //e. printStackTrace( );
        }
```

```
        }
    }
                //定义读取客户端数据的方法
                private String readFromClient( ){
                    try {
                        return br. readLine( );
                    }
                    //如果捕捉到异常，表明该套接字对应的客户端已经关闭
                    catch(IOException e){
                            //删除该套接字
                        Server2. socketList. remove(s);
                        }
                    return null;
                }
        }
```

上面的服务端线程类不断地读取客户端数据，程序使用 readFromClient( )方法来读取客户端数据，如果读取数据过程中捕获到 IOException 异常，则表明该套接字对应的客户端套接字出现了问题，程序就将该套接字从 socketList 集合中删除。当服务器端线程读到客户端数据之后，程序遍历 socketList 集合，并将该数据向 socketList 集合中的每个套接字发送一次。

每个客户端也包含两个线程：一个负责读取用户从键盘输入的数据，并将用户输入的数据写入套接字对应的输出流中；一个负责读取套接字对应输入流中的数据（从服务器端发送过来的数据），并将这些数据打印输出。其中，负责读取用户从键盘输入数据的线程为 Client2 主程序，代码如下：

```java
import java. io. BufferedReader ;
import java. io. IOException;
import java. io. InputStreamReader;
import java. io. PrintStream;
import java. net. Socket;
public class Client2 {
    public static void main( String[] args    )throws IOException {
        Sockets = s = new Socket("127. 0. 0. 1 ",30000);
        //客户端启动 ClientThread 不断读取来自服务器的数据
        new Thread(new ClientThread(s)). start( );
        //获取该套接字对应的输出流
        PrintStream ps = new PrintStream(s. getOutputStream( ) );
        String line = null;
        //不断读取从键盘输入的数据
        BufferedReader br = new BufferedReader(new InputStreamReader(system.in));
        while( (line = br. readLine( ) )!= null){
            //将用户从键盘输入的数据写入套接字对应的输出流
            ps. println(line);
        }
    }
}
```

除此以外，当主线程使用套接字连接到服务器之后，启动了 ClientThread 来处理该线程的套接字通信，ClientThread 负责读取套接字输入流中的内容，并将这些内容在控制台打印出来，代码如下：

```
import java. io. BufferedReader;
import java. io. IOException;
import java. io. InputStreamReader;
import java. net. Socket;
public class ClientThread implements Runnable {
    //该线程负责处理的套接字
    private Socket s;
    //该线程所处理的套接字所对应的输入流
    BufferedReader br = null;
    public ClientThread( Socket s)throws IOException {
        this. s = s;
        br = new BufferedReader(new InputStreamReader(s. getInputStream( ) ));
        public void run( ){
            try {
                String content = null;
                //不断读取套接字输入流中的内容，并将这些内容打印输出
                while( (content = br. readLine( ) ) ) != null) {
                    System. out. println(content    );
                    } catch(Exception e){
                        e. printStackTrace( ); }
            }
        }
    }
```

上面线程的功能也非常简单，它只是不断地获取套接字输入流中的内容，当获取到套接字输入流中的内容后，直接将这些内容打印在控制台。

先运行例 10.5 中的 ServerSocket 类，该类运行后只是作为服务器，看不到任何输出，再运行多个 Client2——相当于启动多个聊天客户端登录该服务器，然后可以在任何一个客户端通过键盘输入一些内容后按回车键，即可在所有客户端（包括自己）的控制台上收到刚刚输入的内容，这就粗略地实现了一个 C/S 结构聊天室的功能。

运行结果如下：

```
第一个 Client2:(第一行"I'm first client"为键盘输入)
I'm first client
I'm first client
I'm second client
第二个 Client2:(第二行"I'm second client"为键盘输入)
I'm first client
I'm second client I 'm second client
```

任务三　基于 UDP 的网络编程

UDP 是一种不可靠的网络协议，它在通信实例的两端各建立一个套接字，但这两个 Socket 之间并没有虚拟链路，这两个套接字只是发送/接收数据报的对象。Java 提供了 DatagramSocket 类对象作为基于 UDP 的套接字，使用 DatagramPacket 类代表 DatagramSocket 类发送/接收的数据报。

一、UDP

UDP 是 User Datagram Protocol 的简称，即用户数据报协议，是 OSK（开放式系统互联)参考模型中一种无连接的传输层协议，提供面向事务的简单不可靠信息传送服务。相比而言，UDP 的应用不如 TCP 广泛，几个标准的应用层协议 HTTP，FTP，SMTP 使用的多是 TCP。但是，随着计算机网络的发展，UDP 正越来越显示出其威力，尤其是在需要很强的实时交互性的场合，如网络游戏、视频会议等。在 UDP 通信中，需要建立一个 DatagramSocket 类。它与 Socket 类不同，不存在"连接"的概念，取而代之的是一个数据报包 DatagramPacket。这个数据报包必须知道自己来自何处，以及打算去哪里，所以本身必须包含 IP 地址、端口号和数据内容。UDP 是一种面向非连接的协议。面向非连接指的是在正式通信前不必与对方先建立连接，不管对方状态就直接发送。至于对方是否可以接收到这些数据内容，UDP 无法控制，因此 UDP 是一种不可靠的协议。

与前面介绍的 TCP 一样，UDP 直接位于 IP 之上。实际上，IP 属于 OSI 参考模型的网络层协议，而 UDP 和 TCP 都属于传输层协议。

UDP 适用于一次只传送少量数据、对可靠性要求不高的应用环境。因为 UDP 是面向非连接的协议，没有建立连接的过程，因此它的通信效率高。但也正因为如此，它的可靠性不如 TCP 高。

UDP 的主要作用是完成网络数据流量和数据报之间的转换：在信息的发送端，UDP 将网络数据流量封装数据报，然后将数据报发送出去；在信息的接收端，UDP 将数据报转换成实际数据内容。

实际上，我们可以认为基于 UDP 的 Socket 类类似于一个码头。码头的作用就是负责发送/接收集装箱，而一个数据报类似于一个集装箱。因此，对于基于 UDP 的通信双方而言，没有所谓的客户端和服务器端的概念。Java 中的 DatagramSocket 类的作用类似于码头，而 DatagramPacket 的作用类似于集装箱。

1. DatagramSocket 类

DatagramSocket 类用于建立接收/发送数据报的套接字。DatagramSocket 类常用的构造方法如下。

（1）protected DatagramSocket( )：将套接字连接到本机的任何一个可用的端口上。

（2）protected DatagramSocket(int port)：将套接字连接到本机指定的端口上。

（3）protected DatagramSocket(int port, InetAddress iaddr)：将套接字连接到指定地址的端口上。

在使用 DatagramSocket 类时，应保证所用的端口不要发生冲突，另外在调用 DatagramSocket 类构造方法时要进行异常处理。

DatagramSocket 类常用的方法如下。

（1）public voidsend(DatagramPacket packet)throws IOException：将其参数 DatagramPacket 对象 packet 中包含的数据报文发送到所指定的 IP 地址主机的指定端口。

（2）public synchronized void receive(DatagramPacket packet)throws IOException：将使程序中的线程一直处于阻塞状态，直到从当前套接字中接收到信息时，将收到的信息存储在 receive( )方法的对象参数 packet 的存储机构中。由于数据报是不可靠的通信，所以 receive( )方法不一定能读到数据。为防止线程死掉，应该设置超时参数。

从上面两个方法可以看出，使用 DatagramSocket 类发送数据报时，DatagramSocket 类并不知道将该数据报发送到哪里，而是由 DatagramPacket 类自身决定数据报的目的地。就像码头并不知道每个集装箱的目的地，码头只是将这些集装箱发送出去，而集装箱本身包含了该集装箱的目的地。

2．DatagramPacket 类

DatagramPacket 类用来实现数据报通信。在发送和接收数据报时，要创建 Datagrampacket 类对象作为数据传送的载体。

DatagramPacket 类的构造方法包括创建发送数据报和创建接收数据报的对象两种。

（1）public DatagramPacket(byte[ ] buf, int length, InetAddress address, int port)：创建发送数据报的 DatagramPacket 类对象。其中，buf 是存放要发送数据报的字节数组；length 是发送数据报的数据长度；address 是发送数据报的目的地址，即接收者的 IP 地址，port 代表发送数据报的端口号。

（2）public DatagramPacket(byte[] buf, int length)：创建接收数据报的 Datagram-Packet 类对象。其中，buf 是存放接收数据报的字节数组；length 是接收的数据报的数据长度，即读取的字节数。

DatagramPacket 类的常用方法如下。

（1）public int getPort( )：获得存放在数据报中的端口号。

（2）public InetAddress getAddress( )：获得存放在数据报中 IP 地址。

（3）public byte[]getData( )：获得存放在数据报中的数据。

（4）public int getLength( )：获得数据报中的数据长度。

（5）public void setData(byte[] buf)：设置数据报中的内容。

当使用 UDP 时，实际上并没有明显的服务器和客户端，因为两方都需要先建立一个 DatagramSocket 类对象，用来接收或发送数据报，然后使用 DatagramPacket 类对象作为传输数据的载体。通常，固定 IP、固定端口的 DatagramSocket 对象所在的程序被称为服务器，而该 DatagramSocket 类对象可以主动接收客户端数据。

在接收数据之前，应该使用相应构造方法生成一个 DatagramPacket 类对象，给出接收数据的字节数组及其长度，然后调用 DatagramSocket 类的 receive( )方法等待数据报的到来，receive( )方法将一直等待（该方法会阻塞调用该方法的线程），直到接收到一个数据报为止。例如：

```
//创建一个数据的 DatagramPacket 类对象
DatagramPacket = new DatagramPacket(buf,256); //接收数据报
Socket. receive(packet);
```

在发送数据之前，调用相应构造方法创建 DatagramPacket 类对象，此时的字节数组里存放了想发送的数据。除此之外，还要给出完整的目的地址，包括 IP 地址和端口号。发送数据是通过 DatagramSocket 类的 send( )方法实现的。send( )方法根据数据报的目的地址来寻址以传送数据报。例如：

```
//创建一个发送数据的 DatagramPacket 类对象
DatagramPacket = new DatagramPacket( buf,length,address,port); //发送数据报
Socket. send(packet);
```

另外，getSocketAddress( )方法的返回值是一个 SocketAddress 类对象。该对象实际上就是一个 IP 地址和一个端口号。也就是到说，SocketAddrcss 类对象封装了一个 InetAddress 类对象和一个代表端口的整数，所以使用 SocketAddress 类对象可以同时代表 IP 地址和端口。

下面的例 10.6 使用 DatagramSocket 类实现了 Server/Client 结构的网络通信，服务器端使用循环 1000 次语句来读取 DatagramSocket 类中的数据报，每当读取到内容之后便向该数据报的发送者送回一条信息。

【例 10.6】使用 DatagramSocket 类实现网络通信。服务器端程序代码如下：

```java
import java. io. IOException;
import java. net. DatagramPacket;
import java. net. DatagramSocket;
public class UDPServer {
    public static finalint PORT = 30000;
    //定义每个数据报的最大为 4KB
    private static finalint DATA_LEN = 4096;
    //定义该服务器使用的 DatagramSocket 类
    Socket private DatagramSocket socket = null;
    //定义接收网络数据的字节数组
    byte[] inBuff = new byte[DATA_LEN];
    //以指定字节数组创建准备接收数据的 DatagramPacket 类对象
    private DatagramPacket inPacket = new DatagramPacket( inBuff,inBuff.length);
    //定义一个用于发送的 DatagramPacket 类对象
    private DatagramPacket outPacket;
    //定义一个字符串数组，服务器发送该数组的元素
        String[] books = newString[] { "轻量级 J2EE 企业应用实战", "基于 J2EE 的 Ajax 宝典", "Stnits2
权威指南", "ROR 敏捷开发最佳实践"}; }
    public void init( )throws IOException {
        try {
            //创建 DatagramSocket 类对象
            socket = new DatagramSocket(PORT);
            //采用循环语句接收数据
            for(int i = 0; i <1000;i+ +   ){
                //读取套接字中的数据，读到的数据放在 inPacket 所封装的字节数组里
                socket. receive(inPacket):
                    //判断 inPacket. getData( )和 inBuff 是否是同一个数组
                    system. out. println(inBuff == inPacket. getData( ) );
                //将接收到的内容转成字符串后输出
                System. out. println(new String(inBuff,0,inPacket. getLength( ) ));
                //从字符串数组中取出一个元素作为发送的数据
                byte[] sendData = books[i % 4],getBytes( );
                //以指定字节数组作为发送数据、以刚接收到的 DatagramPacket 类的
                //源 SocketAddress 作为目标 SocketAddress 创建 DatagramPacket 类
                outPacket = new DatagramPacket( sendData,sendData. length,inPacket. getSocketAddress( ));
                //发送数据
                socket. send(outPacket);
            }
        }
        //使用 finally 语句块保证关闭资源
        finally {
            if( socket != null){
                socket. close( );
            }
        }
    }
    public static void main( String[] args)throws IOException {
        new UDPServer( ). init( );
    }
}
```

　　客户端程序代码也与此类似。客户端采用循环语句不断地读取用户从键盘输入的数据。每当读取到用户输入的数据后，就将该内容封装成 DatagramPacket 数据报，再将该数据报发送出去。接着把 DatagramSocket 类中的数据读入接收用的 DatagramPacket 中（实际上是读入该 DatagramPacket 所封装的字节数组中）。客户端程序代码如下：

```java
import java. io. IOException;
import java. net. DatagramPacket;
import java. net. DatagramSocket;
import java. net. InetAddress;
import java. util. Scanner;
public class UDPClient {
    //定义发送数据报的目的地
    public static final int DEST_PORT = 30000;
    public static final String DEST IP ="127. 0.0. 1 ";
    //定义每个数据报的最大大小为 4KB
    private static finalint DATA_LEN = 4096;
    //定义该客户端使用的套接字
    DatagramSocket private DatagramSocket socket = null;
    //定义接收网络数据的字节数组
    byte[] inBuff = new byte[DATA_LEN];
    //以指定字节数组创建准备接收数据的 DatagramPacket 类对象
    private DatagramPacket inPacket = new DatagramPacket( inBuff,inBuff.length);
    //定义一个用于发送的 DatagramPacket 类对象
    private DatagramPacket outPacket = null;
    public void init(    )throws IOException {
        try {
            //创建一个客户端 DatagramSocket 类，使用随机端口
            socket = new DatagramSocket( )
                //初始化发送用的 DatagramSocket 类，它包含一个长度为 0 的字节数组
                outPacket = new DatagramPacket(new byte[0],0,
                    InetAddress. getByName(DEST_IP    ),DEST_PORT    );
            //创建键盘输入流
            Scanner scan = new Scanner(system. in);
                //不断读取键盘输入流
            while( scan. hasNextLine( ) ){
                //将键盘输入的一行字符串转换为字节数组
                byte[] buff = scan. nextLine( ). getBytes( );
                //设置发送用的 DatagramPacket 里的字节数据
                outPacket. setData(buff);
                //发送数据报
                socket. send(outPacket    );
                //读取套接字中的数据，读到的数据放在 inPacket 所封装的字节数组里
                socket. receive(inPacket    );
                System.   out.   print ln( new    String( in Buff,0,in Packet . getLength( ) ));
                //使用 finally 语句块保证关闭资源
                finally {
                    if( socket ! = null){ socket. close( ); }
                }
            }
        }
        public static void main( String[] args    )throws IOException {
            new UDPClient( ). init( );
        }
    }
```

运行结果如下：

服务器端：
true
I'm client
客户端：
I'm client

客户端程序代码与服务器端程序代码基本相似，唯一区别在于：服务器端的 IP 地址、端口是固定的，所以客户端可以直接将该数据报发送给服务器端，而服务器端则需要根据接收到的数据报来决定"反馈"数据报的目的地。

使用 DatagramSocket 类进行网络通信时，服务器端无须也无法保存每个客户端的状态，客户端把数据报发送到服务器后，完全有可能立即退出。不管客户端是否退出，服务器端都无法知道客户端的状态。

当使用 UDP 时，如果想让每个客户端发送的信息被转发到其他所有的客户端则比较困难，可以考虑在服务器端使用 Set 集合来保存所有的客户端信息，每当接收到一个客户端的数据报之后，程序检查该数据报的源 SocketAddress 是否在 Set 集合中，如果不在，就将该 SocketAddress 添加到该 Set 集合中。这样又涉及一个问题，可能有些客户端发送一个数据报之后永久性地退出了程序，但服务器端还将该客户端的 SocketAddress 保存在 Set 集合中。总之，这种方式需要处理的问题比较多，编程也比较烦琐，幸好 Java 为 UDP 提供了 MulticastSocket 类，通过该类可以轻松地实现多点广播。

二、使用 MulticastSocket 类广播通信

DatagramSocket 类只允许将数据报发送给指定的目标地址，而 MulticastSocket 类可以将数据报以广播方式发送到多个客户端。

若要使用多点广播，则需要让一个数据报标有一组目标主机地址，当数据报发出后，整个组的所有主机都能收到该数据报。IP 多点广播（或多点发送）实现了将单一信息发送到多个接收者的广播，其思想是设置一组特殊网络地址作为多点广播地址，每一个多点广播地址都被看成一个组，当客户端需要发送/接收广播信息时，加入该组即可。

IP 为多点广播提供了这批特殊的 IP 地址。这些 IP 地址的范围是 224.0.0.0～239.255.255.255。

MulticastSocket 类是实现多点广播的关键。当 MulticastSocket 类把一个 DatagramPacket 发送到多点广播 IP 地址时，该数据报将被自动广播到加入该地址的所有 MulticastSocket 类。MulticastSocket 类既可以将数据报发送到多点广播地址，也可以接收其他主机的广播信息。

MulticastSocket 类有点像 DatagramSocket 类。事实上 MulticastSocket 类是 DatagramSocket 类的一个子类，也就是说 MulticastSocket 类是特殊的 DatagramSocket 类。在发送一个广播数据报时，可使用随机端口创建 MulticastSocket 类，也可以在指定端口创建 MulticastSocket 类。MulticastSocket 类提供了以下 3 个构造器。

（1）public MulticastSocket( )：使用本机默认地址、随机端口来创建一个 MulticastSocket 类对象。

（2）public MulticastSockct(int portNumber)：使用本机默认地址、指定端口来创建一个 MulticastSocket 类对象。

（3）public MulticastSocket(SocketAddress bindaddr)：使用本机指定 IP 地址、指定端口来创建一个 MulticastSocket 类对象。

创建一个 MulticastSocket 类对象后,还需要将该 MulticastSocket 类加入指定的多点广播地址,MulticastSocket 类使用 joinGroup( )方法来加入指定组, 使用 leaveGroup( )方法脱离一个组。

joinGroup(InetAddress multicastAddr):将 MulticastSocket 类加入指定的多点广播地址。

leaveGroup(InetAddress multicastAddr):让该 MulticastSocket 类离开指定的多点广播地址。

在某些系统中,可能有多个网络接口,这可能会给多点广播带来问题,这时候程序需要在一个指定的网络接口上监听,通过调用 setInterface( )方法可以强制 MulticastSocket 类使用指定的网络接口,也可以使用 getInterface( )方法查询 MulticastSocket 类监听的同站接口。

如果创建仅用于发送数据报的 MulticastSocket 类对象,则使用默认地址、随机端口即可。但如果要创建接收用的 MulticastSocket 类对象,则该 MulticastSocket 类对象必须具有指定端口,否则发送方无法确定发送数据报的目标端口。

MulticastSocket 类用于发送/接收数据报的方法与 DatagramSocket 类的完全一样,但 MulticastSocket 类比 DatagramSocket 类多了一个 setTimeToLive(int ttl)方法,其中 ttl 参数用于设置数据报最多可以跨过多少个网络。当 ttl 为 0 时,指定数据报应停留在本地主机;当 ttl 为 1 时,指定数据报发送到本地局域网;当 ttl 为 32 时,意味着只能送到本站点的网络上;当 ttl 为 64 时,意味着数据报应保留在本地区;当 ttl 为 128 时,意味着数据报应保留在本大洲;当 ttl 为 225 时,则意味着数据报可发送到所有地方。在默认情况下,ttl 为 1。

下面的程序使用 MulticastSocket 类实现了一个基于广播的多人聊天室,且只需要两个 MulticastSocket 类线程。其中,一个线程负责接收用户从键盘输入的数据,并向 MulticastSocket 类发送数据;另一个线程则负责从 MulticastSocket 类中读取数据。

【例 10.7】使用 MulticastSocket 类实现一个基于广播的多人聊天室。

```java
import java. io. IOException;
import java. net. DatagramPacket;
import java. net. InetAddress;
import java. net. MulticastSocket;
import java. util. Scanner;
//让该类实现 Runnable 接口,该类的实例可作为线程的目标
public class MultiCastSocketTest implements Runnable {
    //使用常量作为本程序的多点广播 IP 地址
    private static final String BROADCAST_IP ="230. 0. 0. 1";
    //使用常量作为本程序的多点广播目的端口
    public static finalint BROADCAST_PORT = 30000;
    //定义每个数据报的大小最大为 4KB
    private static finalint DATA_LEN = 4096;
    //定义本程序的 MulticastSocket 类实例
    private MulticastSocket socket = null;
    private InetAddress broadcastAddress = null;
    private Scanner scan = null;
    //定义接收网络数据的字节数组
    byte[] inBuff = new byte[DATA_LEN];
    //以指定字节数组创建准备接收数据的 DatagramPacket 类对象
    private DatagramPacket inPacket = new DatagramPacket(inBuff,inBuff. length);
    //定义一个用于发送的 DatagramPacket 类对象
    private DatagramPacket outPacket = null;
    public void init( )throws IOException {
        try {
        //创建用于发送/接收数据的 MulticastSocket 类对象
```

```
//因为该 MulticastSocket 类对象需要接收，所以有指定端口
socket = new MulticastSocket(BROADCAST_PORT  );
broadcastAddress = InetAddress. getByName(BROADCAST_IP  );
//将套接字加入指定的多点广播地址
socket.joinGroup(broadcastAddress  );
//设置 MuhicastSocket 类发送的数据报被回送到自身
socket. setLoopbackMode(false);
//初始化发送用的 DatagramSocket 类，它包含一个长度为 0 的字节数组
outPacket = new DatagramPacket( new byte[0],0,broadcastAddress,BROADCAST_PORT);
//启动以本实例的 run( )方法作为线程体的线程
new Thread(this). start( );
//创建键盘输入流
scan = new Scanner( System。 in);
//不断读取键盘输入流
while( scan. hasNextLine( ) ){
    //将键盘输入的一行字符串转换为字节数组
    byte[] buff = scan. nextLine( ). getBytes( );
    //设置发送用的 DatagramPacket 里的字节数据
    outPacket. setData(buff);
    //发送数据报
    socket. send(outPacket  ); }
} finally {
    socket. close( ); }
}public void run( ){
    try {
        while(true  ){
            //读取套接字中的数据，并将读到的数据放在 inPacket 所封装的字节数组里
            socket. receive(inPacket  );
            //打印输出从套接字中读取的内容
            System。  out. println("聊天信息:"+ new String(inBuff,0,inPacket. getLength( ))); }
        }
        //捕捉异常
        catch(IOException ex){
            ex. printStackTraceC);
            try {
                if( socket != null){
                    //让该套接字离开该多点 IP 广播地址
                    socket. leaveGroup(broadcast Address  );
                    //关闭 Socket 类对象
                    socket. close( ); }
                system. exit(1);
                } catch(IOException e){
                    e. printStackTrace( );
                }
            }
        }
    }
    public static void main(String[] args  )throws IOException{
        new MultiCastSocketTest( ). init( );
    }
}
```

运行结果如下：

第一个运行该代码的窗口：("I 'm the first"为键盘输入) I 'm the first
聊天信息：I 'm the first
聊天信息：I 'm the second
第二个运行该代码的窗口：("I 'm the second"为键盘输入)
聊天信息：I 'm the first
　　　　　　I 'm the second
聊天信息：I 'm the second

在上面程序中，init( )方法里的第一行代码创建了一个 MulticastSocket 类对象，由于需要使用该对象接收数据报，所以为套接字设置使用固定端口；第二行代码将套接字添加到指定的多点广播 IP 地址；第三行代码设置套接字发送的数据报会被回送到自身（即套接字可以接收到自己发送的数据报）。至于程序中使用 MulticastSocket 类发送/接收数据报的代码，与使用 DatagramSocket 类并没有区别，因此不再赘述。

项目小结

本项目主要介绍了 Java 网络编程的相关内容，主要包括网络的基本知识，URL 编程以及套接字编程。

学习本项目时，大家应着重掌握以下一些内容。

（1）了解网络中的一些基本概念。

（2）了解使用 URL 类访问网络资源的方法。

（3）掌握流式套接字编程的方法。

（4）掌握数据报套接字编程的方法。

思考与练习

一、选择题

1．URL 由（　　）组成。

　　A．文件名和主机名　　　　　　　　B．主机名和端口号

　　C．协议名和资源名　　　　　　　　D．IP 地址和主机名

2．http 服务的端口号为（　　）。

　　A．21　　　　　　B．23　　　　　　C．80　　　　　　D．120

3．IP 地址封装类是（　　）。

　　A．InetAddress 类　　　　　　　　B．Socket 类

　　C．URL 类　　　　　　　　　　　　D．ServerSocket 类

4．InetAddress 类中可以获得主机名的方法是（　　）。

　　A．getFile( )　　　　　　　　　　B．getHostName( )

　　C．getPath( )　　　　　　　　　　D．getHostAddress( )

5．Java 中面向无连接的数据报通信的类有（　　）。

　　A．DatagramPacket 类

　　B．DatagramSocket 类

C. DatagramPacket 类和 DatagramSocket 类

D. Socket 类

6. DatagramSocket 类允许数据报发送（　　）目的地址

A. 一个　　　　　　　B. 两个　　　　　　　C. 三个　　　　　　　D. 多个

二、简答题

1. 什么是 URL？它由哪几部分组成？

2. URLConnection 类与 URL 类有什么区别？

3. 简述 Socket 类和 ServerSocket 类的区别。

三、编程题

编写一个程序，当客户端发送一个文件名给服务器时，如果文件存在，则服务器把文件内容发送给客户端，否则回答文件不存在。

参考文献

[1] 李刚. 疯狂 Java 讲义[M]. 6 版. 北京：电子工业出版社，2023.

[2] 李兴华. Java 从入门到精通[M]. 6 版. 北京：人民邮电出版社，2020.

[3] 谭浩强. Java 语言程序设计[M]. 5 版. 北京：清华大学出版社，2021.

[4] 郑莉，孙家广. Java 程序设计基础[M]. 4 版. 北京：清华大学出版社，2019.

[5] 王珊，萨师煊. Java 程序设计教程[M]. 北京：高等教育出版社，2020.

[6] 郭炜. Java 面向对象编程[M]. 北京：机械工业出版社，2021.

[7] 杨国锋. Java 程序设计案例教程[M]. 3 版. 北京：电子工业出版社，2019.

[8] 张孝祥. 深入理解 Java 虚拟机[M]. 3 版. 北京：机械工业出版社，2020.

[9] 陈立福. Java 程序设计与实践[M]. 北京：人民邮电出版社，2021.

[10] 何昕. Java 程序设计教程[M]. 3 版. 北京：高等教育出版社，2019.

[11] 马俊，范玫. Java 语言面向对象程序设计[M]. 2 版. 北京：清华大学出版社，2014.

[12] 施霞萍，等. Java 程序设计教程[M]. 3 版. 北京：机械工业出版社，2013.

[13] 李伟，张金辉，等. Java 入门经典[M]. 北京：机械工业出版社，2013.

[14] Y Daniel Liang. Java 语言程序设计[M]. 8 版. 李娜，译. 北京：机械工业出版社，2013.

[15] 普运伟，王建华. Java 程序设计[M]. 北京：高等教育出版社，2013.

[16] 刘德山，等. Java 程序设计[M]. 北京：科学出版社，2012.

[17] 杨晓燕. Java 面向对象程序设计[M]. 北京：电子工业出版社，2012.

[18] 叶核亚. Java 程序设计实用教程[M]. 3 版. 北京：电子工业出版社，2012.

[19] 栾咏红. Java 程序设计项目式教程[M]. 北京：人民邮电出版社，2014.

[20] 张勇，等. Java 程序设计与实践教程[M]. 北京：人民邮电出版社，2014.

[21] 董洋溢. Java 程序设计实用教程[M]. 北京：机械工业出版社，2014.

[22] 丁振凡. Java 语言程序设计[M]. 2 版. 北京：清华大学出版社，2014.

[23] 张基温. 新概念 Java 程序设计大学教程[M]. 北京：清华大学出版社，2013.